1		5
2		
3		6
4		7

ITALY

PHUKET ISLAND

穿好玩的时装

做有趣的女人

做个有趣的女人，她读过很多书，知道现在世界上具有影响力的作家和学者名字；她关心时事，知道现在的人们最关心的是哪些问题；她热爱艺术，喜欢去博物馆；也喜欢音乐，不管是古典还是流行，她听得出音乐的不同时代、不同风格，甚至作曲家的名字。她喜欢运动，喜欢尝试新的事物，她怀着极大的热情让自己成为一个出色的主妇，把烹饪当成一门艺术。

03

不斗礼服**斗唇妆**

做有趣的女人

1 普罗旺斯
法国东南薰衣草之乡

PROVENCE

02

1. 服饰栏目设计 -01
2. 房地产广告
3. 产品宣传卡
4. MP3 宣传单
5. 促销招贴设计
6. 钢琴 CD 封面

1	2	
3	4	5
6		

1	2
6	3
5	4

7

1. 音乐会门票
2. 汉堡招贴设计
3. 奶粉广告效果
4. APP 旅游网页广告
5. 咖啡宣传单设计 -01
6. 雪糕包装立体效果
7. 洋酒广告 -01

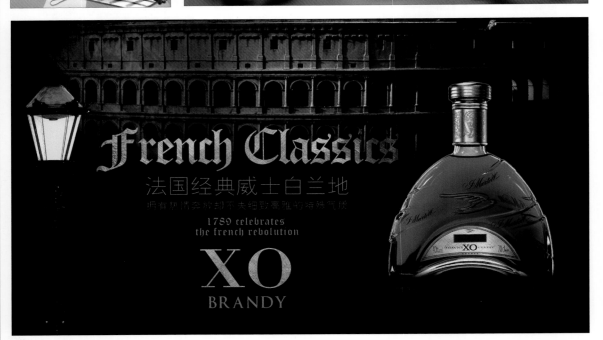

平面设计制作标准教程

Photoshop CC
+Illustrator CC

微课版

互联网＋数字艺术教育研究院 策划

朱兆曦 孔翠 杨东宇 主编

人 民 邮 电 出 版 社

北 京

图书在版编目（CIP）数据

平面设计制作标准教程：Photoshop CC +
Illustrator CC：微课版 / 朱兆曦，孔翠，杨东宇主编
. -- 北京：人民邮电出版社，2016.3（2019.4重印）
ISBN 978-7-115-41705-3

Ⅰ. ①平… Ⅱ. ①朱… ②孔… ③杨… Ⅲ. ①平面设
计—图形软件—教材 Ⅳ. ①TP391.41

中国版本图书馆CIP数据核字(2016)第031063号

内 容 提 要

    Photoshop 和 Illustrator 是当今流行的图像处理软件和矢量图形设计软件，被广泛应用于平面设计、包装装潢、彩色出版等诸多领域。本书根据本科院校教师和学生的实际需求，以平面设计的典型应用为主线，通过多个精彩实用的案例，全面细致地讲解如何利用 Photoshop 和 Illustrator 来完成专业的平面设计项目，使学生能够在掌握软件功能和制作技巧的基础上，启发设计灵感，开拓设计思路，提高设计能力。

    本书适合作为高等院校数字媒体艺术专业课程的教材，也可供 Photoshop 和 Illustrator 的初学者及有一定平面设计经验的读者阅读。

◆ 主　　编　朱兆曦　孔　翠　杨东宇
　　责任编辑　邹文波
　　执行编辑　税梦玲
　　责任印制　彭志环
◆ 人民邮电出版社出版发行　　北京市丰台区成寿寺路 11 号
　　邮编　100164　　电子邮件　315@ptpress.com.cn
　　网址　http://www.ptpress.com.cn
　　北京市艺辉印刷有限公司印刷
◆ 开本：787×1092　1/16　　　彩插：2
　　印张：19　　　　　　　　　2016 年 3 月第 1 版
　　字数：519 千字　　　　　　2019 年 4 月北京第 7 次印刷

定价：45.00 元

读者服务热线：**(010)81055256**　印装质量热线：**(010)81055316**
反盗版热线：**(010)81055315**
广告经营许可证：京东工商广登字 20170147 号

编写目的

Photoshop 和 Illustrator 自推出之日起就深受图形图像爱好者和平面设计人员的喜爱,是当今流行的图像处理和矢量图形设计软件,被广泛应用于平面设计、包装装潢、彩色出版等诸多领域。为了帮助读者更好地利用 Photoshop 和 Illustrator 的优势,出色地完成平面设计作品,人民邮电出版社充分发挥在线教育方面的技术优势、内容优势、人才优势,潜心研究,为读者提供一种"纸质图书+在线课程"相配套,全方位学习 Photoshop 和 Illustrator 软件的解决方案。读者可根据个人需求,利用图书和"微课云课堂"平台上的在线课程进行碎片化、移动化的学习,以便快速全面地掌握 Photoshop 和 Illustrator 软件以及与二者相关联的其他软件。

平台支撑

"微课云课堂"目前包含近 50 000 个微课视频,在资源展现上分为"微课云""云课堂"两种形式。"微课云"是该平台中所有微课的集中展示区,用户可随需选择;"云课堂"是在现有微课云的基础上,为用户组建的推荐课程群,用户可以在"云课堂"中按推荐的课程进行系统化学习,或者将"微课云"中的内容进行自由组合,定制符合自己需求的课程。

◇　**"微课云课堂"主要特点**

微课资源海量,持续不断更新:"微课云课堂"充分利用了出版社在信息技术领域的优势,以人民邮电出版社 60 多年的发展积累为基础,将资源经过分类、整理、加工以及微课化之后提供给用户。

资源精心分类,方便自主学习:"微课云课堂"相当于一个庞大的微课视频资源库,按照门类进行一级和二级分类,以及难度等级分类,不同专业、不同层次的用户均可以在平台中搜索自己需要或者感兴趣的内容资源。

多终端自适应,碎片化移动化:绝大部分微课时长不超过十分钟,可以满足读者碎片化学习的需要;平台支持多终端自适应显示,除了在 PC 端使用外,用户还可以在移动端随心所欲地进行学习。

FOREWORD

◇　"微课云课堂"使用方法

　　扫描封面上的二维码或者直接登录"微课云课堂"（www.ryweike.com）→用手机号码注册→在用户中心输入本书激活码（75576210），将本书包含的微课资源添加到个人账户，获取永久在线观看本课程微课视频的权限。

　　此外，购买本书的读者还将获得一年期价值 168 元 VIP 会员资格，可免费学习 50 000 个微课视频。

内容特点

　　本书以平面设计的典型应用为主线，通过多个精彩实用的案例，全面系统地讲解如何利用 Photoshop 和 Illustrator 来完成专业平面设计项目的方法。

　　商业案例：精心挑选来自平面设计公司的商业案例，对 Photoshop 和 Illustrator 结合使用的方法和技巧进行了深入的分析，并融入实战经验和相关知识，详细地讲解了案例的操作步骤和技法，力求使读者在掌握软件功能和制作技巧的基础上，能够开拓设计思路、提高设计能力。

　　课后习题：为帮助读者巩固所学知识，拓展读者的实际应用能力，设置了难度略为提升的课后习题。

资源下载

　　为方便读者线下学习或教师教学，本书提供书中所有案例的微课视频、基本素材和效果文件，以及教学大纲、PPT 课件、教学教案等资料，用户请登录微课云课堂网站并激活本课程，进入下图所示界面，单击"下载地址"进行下载。

致　　谢

　　本书由互联网+数字艺术教育研究院策划，由朱兆曦、孔翠、杨东宇任主编，相关专业制作公司的设计师为本书提供了很多精彩的商业案例，在此表示感谢。

编　者

2015 年 10 月

目录　CONTENTS

CONTENTS

CONTENTS

Chapter

1

第 1 章
平面设计概述

本章主要介绍平面设计的基础知识，其中包括平面设计的概念、工作流程、项目、基本要素、常用尺寸和应用软件等内容。作为一个平面设计师，只有对平面设计的基础知识进行全面的了解和掌握，才能更好地完成平面设计的创意和设计制作任务。

课堂学习目标

- 了解平面设计的概念和流程
- 了解平面设计的项目和要素
- 掌握平面设计的常用尺寸和应用软件

1.1 平面设计的概念

1922 年，美国人威廉·阿迪逊·德威金斯最早提出和使用了"平面设计（Graphic Design）"一词。20 世纪 70 年代，设计艺术得到了充分的发展，"平面设计"成为国际设计界认可的术语。

平面设计是一个包含经济学、信息学、心理学和设计学等领域的创造性视觉艺术学科。它通过二维空间进行表现，通过图形、文字、色彩等元素的编排和设计来进行视觉沟通与信息传达。平面设计师可以利用专业知识和技术来完成创作计划。

1.2 平面设计的流程

平面设计的流程是一个有明确目标、有正确理念、有负责态度、有周密计划、有清晰步骤、有具体方法的工作过程，好的设计作品都是在科学的工作流程中产生的。

1.2.1 项目制定

客户根据设计项目的需求和目标，首先准备好项目相关文本和图片资料，包括公司介绍、项目描述、基本要求等，然后与设计师会面，就设计项目初步沟通，达成共识。

1.2.2 需求调研

根据客户提出的设计构想和要求，运用客户提供的项目背景信息和资料，对客户的设计需求进行分析，并对客户同行业或同类型的设计产品进行市场调研。客户与设计师确认调研分析结果。

1.2.3 概念探索

根据已经做好的分析和调研，组织设计团队，完成项目的设计概念。通常设计师会提供三个以上的设计概念，和客户沟通概念方向。根据客户的选择与反馈，确定一个明确的项目设计概念和目标。

1.2.4 协议签订

就设计概念和目标达成共识后，双方确认设计的具体细节、设计报价和完成时间，并签订《设计协议书》，客户支付项目预付款，设计工作正式展开。

1.2.5 提案讨论

设计师团队根据前期的市场调研和客户需求，结合双方设计概念讨论的意见，开始设计方案的策划、设计和制作工作。一般要完成三个设计方案，提交给客户选择，并与客户开会讨论提案，客户根据提案作品，提出修改建议。

1.2.6 完善提案

根据提案会议的讨论内容和修改意见，设计师团队对客户基本满意的方案进行修改调整，进一步完善整体设计，并提交客户进行确认；等客户再次反馈意见后，设计师再次对客户提出的细节修改进行更细致的调整，使方案顺利完成。

1.2.7 项目验收

在设计项目完成后，和客户一起对完成的设计项目进行验收，并由客户在设计合格确认书上签字。客户按协议书规定支付项目设计余款，设计方将项目制作文件提交客户，整个设计项目执行完成。

1.2.8　后期制作

在设计项目完成后，客户可能需要设计方进行设计项目的印刷包装等后期制作工作。如果设计方承接了后期制作工作，需要和客户签订详细的后期制作合同，并执行好后期的制作工作，给客户提供满意的印刷和包装成品。

1.3　平面设计的项目

目前常见的平面设计项目，可以归纳为七大类：广告设计、书籍设计、刊物设计、包装设计、网页设计、标志设计、VI 设计。

1.3.1　广告设计

现代社会中，信息传递的速度日益加快，传播方式多种多样。广告凭借着各种信息传递媒介充满了人们日常生活的方方面面，已成为社会生活中不可缺少的一部分。与此同时，广告艺术也凭借着异彩纷呈的表现形式、丰富多彩的内容信息及快捷便利的传播条件，强有力地冲击着我们的视听神经。

广告的英语译文为 Advertisement，最早从拉丁文 Adverture 演化而来，其含义是"吸引人注意"。通俗意义上讲，广告即广而告之。不仅如此，广告还同时包含两方面的含义：从广义上讲是指向公众通知某一件事并最终达到广而告之的目的；从狭义上讲，广告主要指营利性的广告，即广告主为了某种特定的需要，通过一定形式的媒介，耗费一定的费用，公开而广泛地向公众传递某种信息并最终从中获利的宣传手段。

广告设计是指通过图像、文字、色彩、版面、图形等视觉元素，结合广告媒体的使用特征构成的艺术表现形式，是为了实现传达广告目的和意图的艺术创意设计。

平面广告的类别主要包括有 DM（Direct Mail，又称"快讯商品广告"）广告、POP（Point of Purchase，又称"店头陈设"）广告、杂志广告、报纸广告、招贴广告、网络广告和户外广告等。广告设计的效果如图 1-1 所示。

图 1-1

1.3.2　书籍设计

书籍是人类思想交流、知识传播、经验宣传、文化积累的重要依托，承载着古今中外的智慧结晶，而书籍设计的艺术领域更是丰富多彩。

书籍设计（Book Design）又称书籍装帧设计，是指书籍的整体策划及造型设计。策划和设计过程包含了印前、印中、印后对书的形态与传达效果的分析。书籍设计的内容很多，包括开本、封面、扉页、字体、版面、插图、护封、纸张、印刷、装订和材料的艺术设计，属于平面设计范畴。

　　关于书籍的分类，有许多种方法，标准不同，分类也就不同。一般而言，我们按书籍的内容涉及的范围来分类，可分为文学艺术类、少儿动漫类、生活休闲类、人文科学类、科学技术类、经营管理类、医疗教育类等。书籍设计的效果如图 1-2 所示。

图 1-2

1.3.3　刊物设计

　　作为定期出版物，刊物是指经过装订、带有封面的期刊，同时刊物也是大众类印刷媒体之一。这种媒体形式最早出现在德国，但在当时，期刊与报纸并无太大区别。随着科技发展和生活水平的不断提高，期刊开始与报纸越来越不一样，其内容也越偏重专题、质量、深度，而非时效性。

　　期刊的读者群体有其特定性和固定性，所以，期刊媒体对特定的人群更具有针对性，例如进行专业性较强的行业信息交流。正是由于这种特点，期刊内容的传播效率相对比较精准。同时，由于期刊大多为月刊和半月刊，注重内容质量的打造，所以比报纸的保存时间要长很多。

　　在设计期刊时所依据的规格主要是参照其样本和开本进行版面划分，设计的艺术风格、设计元素和设计色彩都要和刊物本身的定位相呼应。由于期刊一般会选用质量较好的纸张进行印刷，所以，图片印刷质量高、细腻光滑，画面图像的印刷工艺精美、还原效果好、视觉形象清晰。

　　期刊类媒体分为消费者期刊杂志、专业性期刊、行业性期刊杂志等不同类别。具体包括财经期刊、IT期刊、动漫期刊、家居期刊、健康期刊、教育期刊、旅游期刊、美食期刊、汽车期刊、人物期刊、时尚期刊、数码期刊等。刊物设计的效果如图 1-3 所示。

图 1-3

1.3.4　包装设计

　　包装设计是艺术设计与科学技术相结合的设计，是技术、艺术、设计、材料、经济、管理、心理、市场等多功能综合要素的体现，是多学科融会贯通的一门综合学科。

　　包装设计的广义概念，是指包装的整体策划工程，其主要内容包括包装方法的设计、包装材料的设计、视觉传达设计、包装机械的设计与应用、包装试验、包装成本的设计及包装的管理等。

　　包装设计的狭义概念，是指选用适合商品的包装材料，运用巧妙的制造工艺手段，为商品进行的容器结构功能化设计和形象化视觉造型设计，使之具备整合容纳、保护产品、方便储运、优化形象、传达属性和促进销售之功能。

　　包装设计按商品内容分类，可以分为日用品包装、食品包装、烟酒包装、化妆品包装、医药包装、文体包装、工艺品包装、化学品包装、五金家电包装、纺织品包装、儿童玩具包装、土特产包装等。包装设计的效果如图 1-4 所示。

图 1-4

1.3.5　网页设计

　　网页设计是指根据网站所要表达的主旨，将网站信息进行整合归纳后，进行的版面编排和美化设计。通过网页设计，让网页信息更有条理，页面更具有美感，从而提高网页的信息传达和阅读效率。网页设计者要掌握平面设计的基础理论和设计技巧，熟悉网页配色、网站风格、网页制作技术等网页设计知识，创造出符合项目设计需求的艺术化和人性化的网页。

　　根据网页的不同属性，可将网页分为商业性网页、综合性网页、娱乐性网页、文化性网页、行业性网页、区域性网页等类型。网页设计的效果如图 1-5 所示。

图 1-5

1.3.6 标志设计

标志是具有象征意义的视觉符号。它借助图形和文字的巧妙设计组合，艺术地传递出某种信息，表达某种特殊的含义。标志设计是指将具体的事物和抽象的精神通过特定的图形和符号固定下来，使人们在看到标志设计的同时，自然地产生联想，从而对企业产生认同。对于一个企业而言，标志渗透到了企业运营的各个环节，例如日常经营活动、广告宣传、对外交流、文化建设等。作为企业的无形资产，它的价值随同企业的增值不断累积。

标志按功能分类，可以分为政府标志、机构标志、城市标志、商业标志、纪念标志、文化标志、环境标志、交通标志等。标志设计的效果如图 1-6 所示。

图 1-6

1.3.7 VI 设计

VI（Visual Identity）即企业视觉识别，是指以建立企业的理念识别为基础，将企业理念、企业使命、企业价值观经营概念变为静态的具体识别符号，并进行具体化、视觉化的传播。企业视觉识别具体指通过各种媒体将企业形象广告、标志、产品包装等有计划地传递给社会公众，树立企业整体统一的识别形象。

VI 是 CI 中项目最多、层面最广、效果最直接的向社会传递信息的部分，最具有传播力和感染力，也最容易被公众所接受，短期内获得的影响也最明显。社会公众可以一目了然地掌握企业的信息，产生认同感，进而达到企业识别的目的。成功的 VI 设计能使企业及产品在市场中获得较强的竞争力。

VI 主要由两大部分组成，即基础识别部分和应用识别部分。其中，基础识别部分主要包括企业标志设计、标准字体与印刷专用字体设计、色彩系统设计、辅助图形、品牌角色（吉祥物）等。应用识别部分包括办公系统、标识系统、广告系统、旗帜系统、服饰系统、交通系列、展示系统等。VI 设计效果如图 1-7 所示。

图 1-7

图 1-7（续）

1.4　平面设计的要素

　　平面设计作品的基本要素主要包括图形、文字及色彩 3 个要素，这 3 个要素的组合组成了一组完整的平面设计作品。每个要素在平面设计作品中都起到了举足轻重的作用，3 个要素之间的相互影响和各种不同变化都会使平面设计作品产生更加丰富的视觉效果。

1.4.1　图形

　　通常，人们在欣赏一个平面设计作品的时候，首先注意到的是图片，其次是标题，最后才是正文。如果说标题和正文作为符号化的文字受地域和语言背景限制的话，那么图形信息的传递则不受国家、民族、种族语言的限制，它是一种通行于世界的语言，具有广泛的传播性。因此，图形创意策划的选择直接关系到平面设计的成败。图形的设计也是整个设计内容最直观的体现，它最大限度地表现了作品的主题和内涵，效果如图 1-8 所示。

图 1-8

1.4.2　文字

文字是最基本的信息传递符号。在平面设计工作中，相对于图形而言，文字的设计安排也占有相当重要的地位，是体现内容传播功能最直接的形式。在平面设计作品中，文字的字体造型和构图编排恰当与否都直接影响到作品的诉求效果和视觉表现力，效果如图 1-9 所示。

图 1-9

1.4.3　色彩

平面设计作品给人的整体感受取决于作品画面的整体色彩。作为平面设计组成的重要因素之一，色彩的色调与搭配受宣传主题、企业形象、推广地域等因素的共同影响。因此，在平面设计中要考虑消费者对颜色的一些固定心理感受以及相关的地域文化，效果如图 1-10 所示。

图 1-10

1.5　平面设计的常用尺寸

在设计制作作品之前，平面设计师一定要了解并掌握印刷常用纸张开数和常见开本尺寸，还要熟悉使用常用的平面设计作品尺寸。下面通过表 1-1~表 1-4 来介绍相关内容。

表 1-1　印刷常用纸张开数

正度纸张：787mm×1092mm		大度纸张：889mm×1194mm	
开数（正）	尺寸单位（mm）	开数（大）	尺寸单位（mm）
全开	781×1086	全开	844×1162
2开	530×760	2开	581×844

续表

正度纸张：787mm×1092mm		大度纸张：889mm×1194mm	
开数（正）	尺寸单位（mm）	开数（正）	尺寸单位（mm）
3 开	362×781	3 开	387×844
4 开	390×543	4 开	422×581
6 开	362×390	6 开	387×422
8 开	271×390	8 开	290×422
16 开	195×271	16 开	211×290
32 开	135×195	32 开	211×145
64 开	97×135	64 开	105×145

表 1-2　印刷常见开本尺寸

正度开本：787mm×1092mm		大度开本：889mm×1194mm	
开数（正）	尺寸单位（mm）	开数（大）	尺寸单位（mm）
2 开	520×740	2 开	570×840
4 开	370×520	4 开	420×570
8 开	260×370	8 开	285×420
16 开	185×260	16 开	210×285
32 开	185×130	32 开	220×142
64 开	92×130	64 开	110×142

表 1-3　名片设计的常用尺寸

类　别	方角（mm）	圆角（mm）
横　版	90×55	85×54
竖　版	50×90	54×85
方　版	90×90	90×95

表 1-4　其他常用的设计尺寸

类　别	标准尺寸（mm）	4 开（mm）	8 开（mm）	16 开（mm）
招贴画	540×380			
普通宣传册				210×285
三折页广告				210×285
手提袋	400×285×80			
文件封套	220×305			
信纸、便条	185×260			210×285
挂旗		540×380	376×265	
IC 卡	85×54			

1.6　平面设计的应用软件

目前在平面设计工作中，经常使用的主流软件有 Photoshop、Illustator 和 InDesign，这 3 款软件每一款都有鲜明的功能特色。要想根据创意制作出完美的平面设计作品，就需要熟练使用这 3 款软件，并能很好地利用不同软件的优势，将其巧妙地结合使用。

1.6.1　Adobe Photoshop

Photoshop 是 Adobe 公司出品的最强大的图像处理软件之一，是集编辑修饰、制作处理、创意编排、图像输入与输出于一体的图形图像处理软件，深受平面设计人员、电脑艺术和摄影爱好者的喜爱。通过软件版本升级，Photoshop 功能不断完善，已经成为迄今为止世界上最畅销的图像处理软件。Photoshop 软件启动界面如图 1–11 所示。

图 1–11

Photoshop 的主要功能包括绘制和编辑选区、绘制与修饰图像、绘制图形及路径、调整图像的色彩和色调、图层的应用、文字的使用、通道和蒙版的使用、滤镜及动作的应用。这些功能可以全面地辅助平面设计作品的创作。

Photoshop 适合完成的平面设计任务有图像抠像、图像调色、图像特效、文字特效、插图设计等。

1.6.2　Adobe Illustrator

Illustrator 是 Adobe 公司推出的专业矢量绘图工具，是出版、多媒体和在线图像的工业标准矢量插画软件。Adobe Illustrator 的应用人群主要包括印刷出版线稿的设计者和专业插画家、多媒体图像的艺术家和网页或在线内容的制作者。Illustrator 软件启动界面如图 1–12 所示。

Illustrator 的主要功能包括图形的绘制和编辑、路径的绘制与编辑、图像对象的组织、颜色填充与描边编辑、文本的编辑、图表的编辑、图层和蒙版的使用、使用混合与封套效果、滤镜效果的使用、样式外观与效果的使用。这些功能可以全面地辅助平面设计作品的创作。

Illustrator 适合完成的平面设计任务包括插图设计、标志设计、字体设计、图表设计、单页设计排版、折页设计排版等。

图 1-12

1.6.3　Adobe InDesign

InDesign 是由 Adobe 公司开发的专业排版设计软件，是专业出版方案的新平台。它功能强大、易学易用，能够使读者通过内置的创意工具和精确的排版控制为打印或数字出版物设计出极具吸引力的页面版式，深受版式编排人员和平面设计师的喜爱，已经成为图文排版领域最流行的软件之一。InDesign 软件启动界面如图 1-13 所示。

InDesign 的主要功能包括绘制和编辑图形对象、路径的绘制与编辑、编辑描边与填充、编辑文本、处理图像、版式编排、处理表格与图层、页面编排、编辑书籍和目录。这些功能可以全面地辅助平面设计作品的创意设计与排版制作。

InDesign 适合完成的平面设计任务包括图表设计、单页排版、折页排版、广告设计、报纸设计、杂志设计、书籍设计等。

图 1-13

Chapter

2

第 2 章
设计软件基础知识

本章主要介绍设计软件的基础知识，包括位图和矢量图，图像的分辨率、色彩模式和文件格式，页面设置，图片大小，以及出血、文字转换、印前检查、小样等内容。通过本章的学习，读者可以快速掌握设计软件的基础知识和操作技巧，有助于更好地完成平面设计作品的创意设计与制作。

课堂学习目标

- 了解位图、矢量图、分辨率和色彩模式

- 掌握常用的图像文件格式

- 掌握对图像的页面、大小、出血等操作

2.1　位图和矢量图

图像文件可以分为两大类：位图图像和矢量图形。在处理图像或绘图过程中，这两种类型的图像可以相互交叉使用。

2.1.1　位图

位图图像也称为点阵图像，由许多单独的小方块组成，这些小方块又称为像素点。每个像素点都有其特定的位置和颜色值，位图图像的显示效果与像素点是紧密联系在一起的，不同排列和着色的像素点在一起组成了一幅色彩丰富的图像。像素点越多，图像的分辨率越高，相应地，图像的文件也会越大。

图像的原始效果如图 2-1 所示，使用放大工具放大后，可以清晰地看到像素的小方块形状与不同的颜色，效果如图 2-2 所示。

图 2-1　　　　　　　　　　　　　　　　图 2-2

位图与分辨率有关，如果在屏幕上以较大的倍数放大显示图像，或以低于创建时的分辨率打印图像，图像就会出现锯齿状的边缘，并且会丢失细节。

2.1.2　矢量图

矢量图也称为向量图，它是一种基于图形的几何特性来描述的图像。矢量图中的各种图形元素称为对象，每一个对象都是独立的个体，都具有大小、颜色、形状、轮廓等特性。

矢量图与分辨率无关，可以将它缩放到任意大小，其清晰度不变，也不会出现锯齿状的边缘。在任何分辨率下显示或打印，都不会丢失细节。图形的原始效果如图 2-3 所示，使用放大工具放大后，其清晰度不变，效果如图 2-4 所示。

图 2-3　　　　　　　　　　　　　　　　图 2-4

矢量图的文件所占容量较少，但这种图形的缺点是不易制作色调丰富的图像，而且绘制出来的图形无法像位图那样精确地描绘各种绚丽的景象。

2.2 分辨率

分辨率是用于描述图像文件信息的术语，分为图像分辨率、屏幕分辨率和输出分辨率。下面将分别进行讲解。

2.2.1 图像分辨率

在 Photoshop 中，图像中每单位长度上的像素数目，称为图像的分辨率，其单位为像素/英寸或是像素/厘米。

在相同尺寸的两幅图像中，高分辨率图像包含像素比低分辨率图像包含像素多。例如，一幅尺寸为 1 英寸×1 英寸的图像，其分辨率为 72 像素/英寸，这幅图像包含 5 184 个像素（72×72 = 5 184）；同样尺寸，分辨率为 300 像素/英寸的图像，图像包含 90 000 个像素。相同尺寸下，分辨率为 300 像素/英寸的图像效果如图 2-5 所示，分辨率为 72 像素/英寸的图像效果如图 2-6 所示。由此可见，在相同尺寸下，高分辨率的图像能更清晰地表现图像。注：1 英寸=2.54 厘米。

图 2-5

图 2-6

提示

如果一幅图像所包含的像素是固定的，增加图像尺寸后，会降低图像的分辨率。

2.2.2 屏幕分辨率

屏幕分辨率是显示器上每单位长度显示的像素数目。屏幕分辨率取决于显示器大小加上其像素设置。PC 显示器的分辨率一般约为 96 像素/英寸，Mac 显示器的分辨率一般约为 72 像素/英寸。在 Photoshop 中，图像像素被直接转换成显示器像素，当图像分辨率高于显示器分辨率时，屏幕中显示出的图像比实际尺寸大。

2.2.3 输出分辨率

输出分辨率是照排机或打印机等输出设备产生的每英寸的油墨点数（DPI）。打印机的分辨率在 720 dpi 以上的可以使图像获得比较好的效果。

2.3 色彩模式

Photoshop 和 Illustrator 提供了多种色彩模式，这些色彩模式是作品能够在屏幕和印刷品上成功表现的重要保障。在这里重点介绍几种经常使用的色彩模式，即 CMYK 模式、RGB 模式、灰度模式及 Lab 模式。每种色彩模式都有不同的色域，并且各模式之间可以转换。

2.3.1　CMYK 模式

CMYK 代表了印刷上用的 4 种油墨颜色：C 代表青色，M 代表洋红色，Y 代表黄色，K 代表黑色。CMYK 模式在印刷时应用了色彩学中的减色法混合原理，即减色色彩模式，它是图片、插画和其他作品中最常用的一种印刷方式。这是因为在印刷中通常都要进行四色分色，出四色胶片，然后再进行印刷。

在 Photoshop 中，CMYK 颜色控制面板如图 2-7 所示，可以在其中设置 CMYK 颜色。在 Illustrator 中也可以使用颜色控制面板设置 CMYK 的颜色，如图 2-8 所示。

图 2-7

图 2-8

提 示

若作品需要进行印刷，在 Photoshop 中制作平面设计作品时，一般会把图像文件的色彩模式设置为 CMYK 模式。在 Illustrator 中制作平面设计作品时，绘制的矢量图形和制作的文字都要使用 CMYK 颜色。

可以在建立新的 Photoshop 图像文件时就选择 CMYK 颜色模式（四色印刷模式），如图 2-9 所示。

图 2-9

提 示

在新建 Photoshop 文件时，就选择 CMYK 颜色模式。这种方式的优点是可以避免成品的颜色失真，因为在整个作品的制作过程中，所制作的图像都在可印刷的色域中。

2.3.2　RGB 模式

RGB 模式是一种加色模式，它通过红、绿、蓝 3 种色光相叠加而形成更多的颜色。RGB 是色光的彩色模式，一幅 24bit 的 RGB 图像有 3 个色彩信息的通道：红色（R）、绿色（G）和蓝色（B）。在 Photoshop 中，RGB 颜色控制面板如图 2-10 所示。在 Illustrator 中，颜色控制面板也可以用于设置 RGB 颜色，如图 2-11 所示。

图 2-10 　　　　　　　　　　　　　　　图 2-11

每个通道都有 8 位的色彩信息——一个 0～255 的亮度值色域。也就是说，每一种色彩都有 256 个亮度水平级。3 种色彩相叠加，可以有 256×256×256=16 777 216 种可能的颜色，足以表现出绚丽多彩的世界。

在 Photoshop 中编辑图像时，RGB 色彩模式应是最佳的选择。因为它可以提供全屏幕的多达 24 位的色彩范围，一些计算机领域的色彩专家称之为"True Color（真彩显示）"。

一般在视频编辑和设计过程中，使用RGB 颜色来编辑和处理图像。

在制作过程中，可以随时选择"图像 > 模式 > CMYK 颜色"命令，将图像转换成 CMYK 四色印刷模式。但是一定要注意，在图像转换为 CMYK 四色印刷模式后，就无法再变回原来图像的 RGB 色彩了。因为 RGB 的色彩模式在转换成 CMYK 色彩模式时，色域外的颜色会变暗，这样才会使整个色彩成为可以印刷的文件。因此，在将 RGB 模式转换成 CMYK 模式之前，可以选择"视图 > 校样设置 > 工作中的 CMYK"命令，预览一下转换成 CMYK 色彩模式时的图像效果，如果不满意 CMYK 色彩模式效果，还可以根据需要调整图像。

2.3.3　灰度模式

灰度模式（灰度图）又称为 8bit 深度图。每个像素用 8 个二进制位表示，能产生 2^8，即 256 级灰色调。当一个彩色文件被转换为灰度模式文件时，所有的颜色信息都将从文件中丢失。尽管 Photoshop 允许将一个灰度文件转换为彩色模式文件，但不可能将原来的颜色完全还原。所以，当要转换灰度模式时，应先做好图像的备份。

像黑白照片一样，一个灰度模式的图像只有明暗值，没有色相与饱和度这两种颜色信息。在 Photoshop 中，颜色控制面板如图 2-12 所示。在 Illustrator 中，也可以用颜色控制面板设置灰度颜色，如图 2-13 所示，0%代表白，100%代表黑，其中的 K 值用于衡量黑色油墨用量。

2.3.4　Lab 模式

Lab 是 Photoshop 中的一种国际色彩标准模式，它由 3 个通道组成：一个通道是透明度，即 L；其他两个是色彩通道，即色相与饱和度，用 a 和 b 表示。a 通道包括的颜色值从深绿到灰，再到亮粉红色；b 通道是从亮蓝色到灰，再到焦黄色。Lab 颜色控制面板如图 2-14 所示。

Lab 模式在理论上包括了人眼可见的所有色彩，它弥补了 CMYK 模式和 RGB 模式的不足。在这种模式下，图像的处理速度比在 CMYK 模式下快数倍，与 RGB 模式的速度相仿。而且在把 Lab 模式转成 CMYK 模式的过程中，所有的色彩不会丢失或被替换。

图 2-12

图 2-13

图 2-14

 提 示

当 Photoshop 将 RGB 模式转换成 CMYK 模式时，可以先将 RGB 模式转换成 Lab 模式，然后再从 Lab 模式转换成 CMYK 模式。这样会减少图片的颜色损失。

2.4　文件格式

当平面设计作品制作完成后，就要进行存储。这时，选择一种合适的文件格式就显得十分重要。在 Photoshop 和 Illustrator 中有 20 多种文件格式可供选择。在这些文件格式中，既有 Photoshop 和 Illustrator 的专用格式，也有用于应用程序交换的文件格式，还有一些比较特殊的格式。下面重点讲解几种常用的文件存储格式。

2.4.1　TIF（TIFF）格式

TIF 是标签图像格式。TIF 格式对于色彩通道图像来说具有很强的可移植性，它可以用于 PC、Macintosh 及 UNIX 工作站三大平台，是这三大平台上使用最广泛的绘图格式。

用 TIF 格式存储时应考虑到文件的大小，因为 TIF 格式的结构要比其他格式更大更复杂。但 TIF 格式支持 24 个通道，能存储多于 4 个通道的文件格式。TIF 格式还允许使用 Photoshop 中的复杂工具和滤镜特效。

 提 示

TIF 格式非常适合于印刷和输出。在 Photoshop 中编辑处理完成的图片文件一般都会存储为 TIF 格式，然后导入到 Illustrator 的平面设计文件中再进行编辑处理。

2.4.2　PSD 格式

PSD 格式是 Photoshop 软件自身的专用文件格式，PSD 格式能够保存图像数据的细小部分，如图层、蒙版、通道等，以及其他 Photoshop 对图像进行特殊处理的信息。在没有最终决定图像存储的格式前，最好先以这种格式存储。另外，Photoshop 打开和存储这种格式的文件较其他格式更快。

2.4.3 AI 格式

AI 格式是 Illustrator 软件的专用格式。它的兼容度比较高，可以在 CorelDRAW 中打开，也可以将 CDR 格式的文件导出为 AI 格式。

2.4.4 JPEG 格式

JPEG（Joint Photographic Experts Group）译为"联合图片专家组"。JPEG 格式既是 Photoshop 支持的一种文件格式，也是一种压缩方案。它是 Macintosh 上常用的一种存储类型。JPEG 格式是压缩格式中的"佼佼者"，与 TIF 文件格式采用的 LIW 无损失压缩相比，它的压缩比例更大。但它使用的有损失压缩，会丢失部分数据。用户可以在存储前选择图像的最后质量，这样就能控制数据的损失程度了。

在 Photoshop 中，有低、中、高和最高 4 种图像压缩品质可供选择。以高质量保存图像比其他质量的保存形式占用更大的磁盘空间；而选择低质量保存图像则会损失较多数据，但占用的磁盘空间较少。

2.4.5 EPS 格式

EPS 格式为压缩的 PostScript 格式，是为在 PostScript 打印机上输出图像开发的格式。其最大优点是在排版软件中可以以低分辨率预览，而在打印时以高分辨率输出。它不支持 Alpha 通道，但可以支持裁切路径。

EPS 格式支持 Photoshop 中所有的颜色模式，可以用来存储点阵图和向量图形。在存储点阵图像时，还可以将图像的白色像素设置为透明的效果，它在位图模式下也支持透明。

2.5 页面设置

在设计制作平面作品之前，要根据客户的要求在 Photoshop 或 Illustrator 中设置页面文件的尺寸。下面就来讲解如何根据制作标准或客户要求设置页面文件的尺寸。

2.5.1 在 Photoshop 中设置页面

选择"文件 > 新建"命令，弹出"新建"对话框，如图 2–15 所示。在对话框中，"名称"选项后的文本框中可以输入新建图像的文件名；"预设"选项后的下拉列表用于自定义或选择其他固定格式文件的大小；在"宽度"和"高度"选项后的数值框中可以输入需要设置的宽度和高度的数值；在"分辨率"选项后的数值框中可以输入需要设置的分辨率。

图像的宽度和高度单位可以设定为像素或厘米，单击"宽度"和"高度"选项下拉列表后面的黑色三角按钮，弹出计量单位下拉列表，可以选择计量单位。

"分辨率"选项可以设定每英寸的像素数或每厘米的像素数，一般在进行屏幕练习时，设定为 72 像素/英寸；在进行平面设计时，设定为输出设备的半调网屏频率的 1.5 ~ 2 倍，一般为 300 像素/英寸。单击"确定"按钮，新建页面。

提示

每英寸像素数越大，图像的文件也越大。应根据工作需要设定合适的分辨率。

图 2-15

2.5.2　在 Illustrator 中设置页面

在实际工作中，往往要利用像 Illustrator 这样的优秀平面设计软件来完成印前的制作任务，随后才是出胶片、送印厂。因此，这就要求在设计制作前，设置好作品的尺寸。

选择"文件 > 新建"命令，弹出"新建文档"对话框，如图 2-16 所示。在对话框中，"名称"选项：可以用于输入新建文件的名称。"配置文件"选项：可以选择不同的配置文件。"画板数量"选项：可以设置页面中画板的数量。当数量为多页时，右侧的按钮和下方的"间距""列数"选项显示为可编辑状态。按钮：可以设置画板的排列方法及排列方向。"间距"选项：可以设置画板之间的间距。"列数"选项：用于设置画板的列数。"大小"选项：可以在下拉列表中选择系统预先设置的文件尺寸，也可以在下方的"宽度"和"高度"选项中自定义文件尺寸。"宽度"和"高度"选项：用于设置文件的宽度和高度的数值。"单位"选项：设置文件所采用的单位，默认状态下为"毫米"。"取向"选项：用于设置新建页面竖向或横向排列。"出血"选项：用于设置页面的出血值。默认状态下，右侧为锁定 🔒 状态，可同时设置出血值；单击右侧的按钮，使其处于解锁状态，可单独设置出血值。

单击"高级"选项左侧的按钮▶，显示或隐藏"高级"选项，如图 2-17 所示，"颜色模式"选项：用于设置新建文件的颜色模式。"栅格效果"选项：用于设置文件的栅格效果。"预览模式"选项：用于设置文件的预览模式。模板(T)... 按钮：单击弹出"从模板新建"对话框，选择需要的模板来新建文件。

图 2-16

图 2-17

选择"文件 > 从模板新建"命令，弹出"从模板新建"对话框，选择一个模板，单击"新建"按钮，可新建一个文件。

2.6 图片大小

在完成平面设计任务的过程中，为了更好地编辑图像或图形，设计师经常需要调整图像或者图形的大小。下面将讲解图像或图形大小的调整方法。

2.6.1 在 Photoshop 中调整图像大小

打开一幅图像，选择菜单"图像 > 图像大小"命令，弹出"图像大小"对话框，如图 2-18 所示。

图像大小：通过改变"宽度""高度"和"分辨率"选项的数值，改变图像的文档大小，图像的尺寸也相应改变。缩放样式 ✿：勾选此选项后，若在图像操作中添加了图层样式，可以在调整大小时自动缩放样式大小。尺寸：指沿图像的宽度和高度的总像素数，单击尺寸右侧的按钮 ▼，可以改变计量单位。调整为：指选取预设以调整图像大小。约束比例 🔗：单击"宽度"和"高度"选项右侧出现锁链标志 🔗，表示改变其中一项设置时，两项会成比例地同时改变。分辨率：指位图图像中的细节精细度，计量单位是像素/英寸（ppi），每英寸的像素越多，分辨率越高。重新采样：不勾选此复选框，尺寸的数值将不会改变，"宽度""高度"和"分辨率"选项右侧将出现锁链标志 🔗，改变数值时 3 项会同时改变，如图 2-19 所示。

图 2-18

图 2-19

在"图像大小"对话框中可以改变选项数值的计量单位，可以在选项右侧的下拉列表中进行选择，如图 2-20 所示。单击"调整为"选项右侧的按钮 ▼，在弹出的下拉菜单中选择"自动分辨率"命令，弹出"自动分辨率"对话框，系统将自动调整图像的分辨率和品质效果，如图 2-21 所示。

图 2-20

图 2-21

在"图像大小"对话框中，改变"宽度""高度"选项中某一项的数值，如图 2-22 所示，单击"确定"按钮，图像将变小，效果如图 2-23 所示。

图 2-22

图 2-23

 提示

在设计制作的过程中，一般情况下位图的分辨率保持在 300 像素/英寸，这样编辑位图的尺寸时可以从大尺寸图调整到小尺寸图，而且没有图像品质的损失。如果从小尺寸图调整到大尺寸图，就会造成图像品质的损失，如图片模糊等。

2.6.2 在 Illustrator 中调整图像大小

打开资源包中的"Ch02 > 素材 > 05"文件。选择"选择"工具 ，选取要缩放的对象，对象的周围出现控制手柄，如图 2-24 所示。用鼠标拖曳控制手柄可以手动缩小或放大对象，如图 2-25 所示。

选择"选择"工具 ，选取要缩放的对象，对象的周围出现控制手柄，如图 2-26 所示。选择"窗口 > 变换"命令，弹出"变换"控制面板，如图 2-27 所示。在控制面板中的"宽"和"高"选项中根据需要调整好宽度和高度值，如图 2-28 所示，按 Enter 键确认，完成对象的缩放，如图 2-29 所示。

图 2-24

图 2-25

图 2-26

图 2-27

图 2-28

图 2-29

2.7 出血

印刷装订工艺要求接触到页面边缘的线条、图片或色块，需跨出页面边缘的成品裁切线 3mm，称为出血。出血是防止裁刀裁切到成品尺寸里面的图文或出现白边。下面将以名片的制作为例，对如何在 Photoshop 或 Illustrator 中设置名片的出血进行细致的讲解。

2.7.1 在 Photoshop 中设置出血

STEP 1 要求制作的名片的成品尺寸是 90mm×55mm，如果名片有底色或花纹，则需要将底色或花纹跨出页面边缘的成品裁切线 3mm。在 Photoshop 中新建的文件页面尺寸需要设置为 96 mm×61mm。

STEP 2 按 Ctrl+N 组合键，弹出"新建"对话框，选项的设置如图 2-30 所示，单击"确定"按钮，效果如图 2-31 所示。

图 2-30   图 2-31

STEP 3 选择"视图 > 新建参考线"命令，弹出"新建参考线"对话框，设置如图 2-32 所示，单击"确定"按钮，效果如图 2-33 所示。用相同的方法，在 5.8cm 处新建一条水平参考线，效果如图 2-34 所示。

图 2-32   图 2-33   图 2-34

STEP 4 选择"视图 > 新建参考线"命令，弹出"新建参考线"对话框，设置如图 2-35 所示，单击"确定"按钮，效果如图 2-36 所示。用相同的方法，在 9.3cm 处新建一条垂直参考线，效果如图 2-37 所示。

图 2-35　　　　　　　　　　图 2-36　　　　　　　　　　图 2-37

STEP 5　按 Ctrl+O 组合键，打开资源包中的"Ch02 > 素材 > 06"文件，效果如图 2-38 所示。选择"移动"工具 ，按住 Shift 键的同时，将其拖曳到新建的"未标题–1"文件窗口中，如图 2-39 所示。在"图层"控制面板中生成新的图层"图层 1"。按 Ctrl+E 组合键，合并可见图层。按 Ctrl+S 组合键，弹出"存储为"对话框，将其命名为"名片背景"，保存为 TIFF 格式，单击"保存"按钮，弹出"TIFF 选项"对话框，单击"确定"按钮，将图像保存。

图 2-38　　　　　　　　　　　　　　　　　　图 2-39

2.7.2　在 Illustrator 中设置出血

STEP 1　要求制作名片的成品尺寸是 90mm×55mm，需要设置的出血是 3mm。

STEP 2　按 Ctrl+N 组合键，弹出"新建文档"对话框，选项的设置如图 2-40 所示，单击"确定"按钮，效果如图 2-41 所示。在页面中，实线框为宣传卡的成品尺寸 90mm×55mm，外围的边框为出血尺寸，在外围边框和内侧边框四边之间的空白区域是 3mm 的出血设置。

图 2-40　　　　　　　　　　　　　　　　　　图 2-41

STEP 3　选择"文件 > 置入"命令，弹出"置入"对话框，打开资源包中的"Ch02 > 效果 > 名片背景"文件，如图 2-42 所示，单击"置入"按钮，将图片置入到页面中。单击属性栏中的"嵌入"按钮，将图片嵌入到页面中，如图 2-43 所示。

图 2-42   图 2-43

STEP 4 选择"窗口 > 变换"命令，弹出"变换"面板，选项的设置如图 2-44 所示，按 Enter 键，置入的图片与页面居中对齐，效果如图 2-45 所示。

图 2-44   图 2-45

STEP 5 选择"文件 > 置入"命令，弹出"置入"对话框，打开资源包中的"Ch02 > 素材 > 07"文件，单击"置入"按钮，将图片置入到页面中。单击属性栏中的"嵌入"按钮，将图片嵌入到页面中。选择"选择"工具 ⬚，将其拖曳到适当的位置，效果如图 2-46 所示。选择"文字"工具 T，在页面中分别输入需要的文字。选择"选择"工具 ⬚，分别在属性栏中选择合适的字体并设置文字大小，效果如图 2-47 所示。

STEP 6 设计作品制作完成，按 Ctrl+S 组合键，弹出"存储为"对话框，将其命名为"名片"，保存为 AI 格式，单击"保存"按钮，将图像保存。

图 2-46   图 2-47

2.8 文字转换

在 Photoshop 和 Illustrator 中输入文字时，都需要选择文字的字体。文字的字体文件安装在计算机、打印机或照排机中。字体就是文字的外在形态，当设计师选择的字体与输出中心的字体不匹配时，或者根本就没有设计师选择的字体时，输出胶片上的文字的字体就不是设计师选择的字体，也可能出现乱码。下面将讲解如何在 Photoshop 和 Illustrator 中进行文字转换来避免出现这样的问题。

2.8.1 在 Photoshop 中转换文字

打开资源包中的"Ch02 > 素材 > 08"文件，在"图层"控制面板中选中需要的文字图层，如图 2-48 所示。选择"图层 > 栅格化 > 文字"命令，将文字图层转换为普通图层，就是将文字转换为图像，如图 2-49 所示，在图像窗口中的文字效果如图 2-50 所示。转换为普通图层后，出片文件将不会出现字体的匹配问题。

图 2-48

图 2-49

图 2-50

2.8.2 在 Illustrator 中转换文字

打开资源包中的"Ch02 > 效果 > 名片.ai"文件。选择"选择"工具，按住 Shift 键的同时，单击输入的文字将其同时选取，如图 2-51 所示。选择"文字 > 创建轮廓"命令，将文字转换为轮廓，如图 2-52 所示。按 Ctrl+S 组合键，将文件保存。

图 2-51

图 2-52

提示

> 将文字转换为轮廓，就是将文字转换为图形，在输出中心就不会出现文字字体的匹配问题，在胶片上也不会形成乱码了。但需要注意，经转换的文字无法再使用文字工具进行编辑。

2.9 印前检查

在 Illustrator 中，可以对设计制作好的名片在印刷前进行常规的检查。

打开资源包中的"Ch02 > 效果 > 名片.ai"文件，如图 2-53 所示。选择"窗口 > 文档信息"命令，弹出"文档信息"面板，如图 2-54 所示。单击面板右上方的图标 ，在弹出的下拉菜单中可查看各个项目，如图 2-55 所示。

图 2-53　　　　　　　　　　图 2-54　　　　　　　　　　图 2-55

在"文档信息"面板中无法反映图片丢失、修改后未更新、有多余的通道或路径等问题。选择"窗口 > 链接"命令，弹出"链接"面板，可以警告丢失或未更新图片，如图 2-56 所示。

在"文档信息"中发现的不适合出片的字体，如果要改成别的字体，可通过"文字 > 查找字体"命令，弹出"查找字体"对话框来操作，如图 2-57 所示。

图 2-56　　　　　　　　　　　　　　图 2-57

若已将文字转换为轮廓，对话框将无任何可替换字体。

2.10　小样

在 Illustrator 中，设计制作完成客户的任务后，可以方便地给客户看设计完成稿的小样，下面讲解小样电子文件的导出方法。

2.10.1　带出血的小样

STEP 1 打开资源包中的"Ch02 > 效果 > 名片.ai"文件，如图 2-58 所示。选择"文件 > 导出"命令，弹出"导出"对话框，将其命名为"名片"，导出为 JPG 格式，如图 2-59 所示，单击"保存"按钮。弹出"JPEG 选项"对话框，选项的设置如图 2-60 所示，单击"确定"按钮，导出图形。

STEP 2 导出的图形在桌面上的图标如图 2-61 所示。可以通过电子邮件的方式把导出的 JPG 格式小样发给客户，客户可以在看图软件中打开观看，效果如图 2-62 所示。

图 2-58

图 2-59

图 2-60

图 2-61

图 2-62

 提示

一般给客户观看的作品小样都导出为 JPG 格式，JPG 格式的图像压缩比例大、文件小，有利于通过电子邮件的方式发给客户观看。

2.10.2　成品尺寸的小样

STEP 1 打开资源包中的"Ch02 > 效果 > 名片.ai"文件，效果如图 2-63 所示。选择"选择"工具 ，按 Ctrl+A 组合键，将页面中的所有图形同时选取，按 Ctrl+G 组合键，将其群组，效果如图 2-64 所示。

图 2-63

图 2-64

STEP**2** 选择"矩形"工具▣，绘制一个与页面大小相等的矩形，绘制的矩形就是名片成品尺寸的大小，如图 2-65 所示。选择"选择"工具▶，将矩形和群组后的图形同时选取，按 Ctrl+7 组合键，创建剪切蒙版，效果如图 2-66 所示。

图 2-65

图 2-66

STEP**3** 成品尺寸的名片效果如图 2-67 所示。选择"文件 > 导出"命令，弹出"导出"对话框，将其命名为"名片-成品尺寸"，导出为 JPG 格式，如图 2-68 所示，单击"保存"按钮。弹出"JPEG 选项"对话框，选项的设置如图 2-69 所示，单击"确定"按钮，导出成品尺寸的名片图像。可以通过电子邮件的方式把导出的 JPG 格式小样发给客户，客户可以在看图软件中打开观看，效果如图 2-70 所示。

图 2-67

图 2-68

图 2-69

图 2-70

Chapter

3

第 3 章
标志设计

标志,是一种传达事物特征的特定视觉符号,它代表着企业的形象和文化。企业的服务水平、管理机制及综合实力都可以通过标志来体现。在企业视觉战略推广中,标志起着举足轻重的作用。本章以节能环保标志设计为例,讲解标志的设计方法和制作技巧。

课堂学习目标

- 在Illustrator软件中制作标志和标准字
- 在Photoshop软件中制作标志图形的立体效果

3.1 节能环保标志设计

案例学习目标

在 Illustrator 中学习使用绘图工具和路径查找器面板制作标志，使用文字工具和字符面板制作标准文字。在 Photoshop 中为标志添加图层样式制作标志的立体效果。

案例知识要点

在 Illustrator 中，使用椭圆工具、钢笔工具、矩形工具、转换锚点工具和路径查找器面板制作标志，使用符号面板添加回收设施图形，使用文字工具和字符面板制作标准文字。在 Photoshop 中，使用椭圆工具、填色命令绘制背景，使用添加图层样式命令制作标志立体效果，使用添加图层蒙版按钮和渐变工具制作倒影效果。节能环保标志效果如图 3-1 所示。

效果所在位置

资源包/Ch03/效果/节能环保标志设计/节能环保标志.tiff。

图 3-1

Illustrator 应用

3.1.1 制作标志

STEP 1 打开 Illustrator 软件，按 Ctrl+N 组合键，新建一个文档，设置文档的宽度为 297mm，高度为 210mm，取向为横向，颜色模式为 CMYK，单击"确定"按钮。

STEP 2 选择"椭圆"工具 ，按住 Shift 键的同时，在适当的位置绘制一个圆形，如图 3-2 所示。选择"钢笔"工具 ，在适当的位置绘制一个不规则闭合图形，如图 3-3 所示。

节能环保标志 1

图 3-2

图 3-3

STEP 3 选择"选择"工具 ，用圈选的方法将两个图形同时选取。选择"窗口 > 路径查找器"命令，弹出"路径查找器"面板，单击"减去顶层"按钮 ，如图 3-4 所示，生成新的对象，效果如图 3-5 所示。

图 3-4　　　　　　　　　　　图 3-5

STEP 4 选择"矩形"工具 和"钢笔"工具 ，在适当的位置分别绘制图形，如图 3-6 所示。选择"选择"工具 ，用圈选的方法将 3 个图形同时选取，如图 3-7 所示。选择"路径查找器"面板，单击"减去顶层"按钮 ，生成新的对象，效果如图 3-8 所示。

图 3-6　　　　　　　　　图 3-7　　　　　　　　　图 3-8

STEP 5 按 Ctrl+Shift+G 组合键，取消图形编组。选择"选择"工具 ，选取最下方图形，设置图形填充颜色为深绿色（其 C、M、Y、K 值分别为 83、31、98、0），填充图形，并设置描边色为无，效果如图 3-9 所示。

STEP 6 选取中间图形，设置图形填充颜色为绿色（其 C、M、Y、K 值分别为 75、0、100、0），填充图形，并设置描边色为无，效果如图 3-10 所示。选取最上方图形，设置图形填充颜色为浅绿色（其 C、M、Y、K 值分别为 50、0、100、0），填充图形，并设置描边色为无，效果如图 3-11 所示。

图 3-9　　　　　　　　图 3-10　　　　　　　　图 3-11

STEP 7 选择"椭圆"工具 ，在适当的位置绘制一个椭圆形，如图 3-12 所示。选择"转换锚点"工具 ，在椭圆形上下锚点上分别单击鼠标左键，将其转换为尖角，效果如图 3-13 所示。选择"选择"工具 ，设置图形填充颜色为深绿色（其 C、M、Y、K 值分别为 83、31、98、0），填充图形，并设置描边色为无，效果如图 3-14 所示。

图 3-12　　　　　　　　　　图 3-13　　　　　　　　　　图 3-14

STEP 8 选择"钢笔"工具 ，在适当的位置绘制一个不规则闭合图形，填充图形为白色，并设置描边色为无，效果如图 3-15 所示。选择"选择"工具 ，按住 Shift 键的同时，将两个图形同时选取，如图 3-16 所示。选择"路径查找器"面板，单击"减去顶层"按钮 ，生成新的对象，效果如图 3-17所示。

图 3-15　　　　　　　　　　图 3-16　　　　　　　　　　图 3-17

STEP 9 选择"椭圆"工具 ，按住 Shift 键的同时，在适当的位置绘制一个圆形，填充图形为白色，并设置描边色为无，效果如图 3-18 所示。选择"圆角矩形"工具 ，在页面中单击鼠标左键，弹出"圆角矩形"对话框，选项的设置如图 3-19 所示，单击"确定"按钮，出现一个圆角矩形。选择"选择"工具 ，拖曳圆角矩形到适当的位置，填充图形为白色，并设置描边色为无，效果如图 3-20 所示。

图 3-18　　　　　　　　　　图 3-19　　　　　　　　　　图 3-20

STEP 10 选择"旋转"工具 ，按住 Alt 键的同时，在白色圆形中间位置单击鼠标左键，弹出"旋转"对话框，选项的设置如图 3-21 所示，单击"复制"按钮，效果如图 3-22 所示。连续按 Ctrl+D 组合键，按需要再复制出多个图形，效果如图 3-23 所示。

图 3-21　　　　　　　　图 3-22　　　　　　　　图 3-23

STEP 11 选择"选择"工具 ，用圈选的方法选取需要的图形，如图 3-24 所示。选择"路径查找器"面板，单击"减去顶层"按钮 ，如图 3-25 所示，生成新的对象，效果如图 3-26 所示。

图 3-24　　　　　　　　图 3-25　　　　　　　　图 3-26

STEP 12 选择"窗口 > 符号库 > 地图"命令，弹出"地图"面板，选择需要的符号，如图 3-27 所示，拖曳符号到适当的位置，效果如图 3-28 所示。

图 3-27　　　　　　　　　　　图 3-28

STEP 13 选择"选择"工具 ，在符号图形上单击鼠标右键，在弹出的菜单中选择"断开符号链接"命令，效果如图 3-29 所示。按 Ctrl+Shift+G 组合键，取消图形编组。选取不需要的图形，如图 3-30 所示。按 Delete 键，将其删除，效果如图 3-31 所示。选取白色图形，按住 Alt+Shift 组合键的同时，拖曳右上角的控制手柄，等比例放大图形，如图 3-32 所示。

图 3-29　　　　　　　　　　图 3-30

图 3-31   图 3-32

STEP 14 选择"选择"工具，按住 Shift 键的同时，单击下方图形将其同时选取，如图 3-33 所示。选择"路径查找器"面板，单击"减去顶层"按钮，如图 3-34 所示，生成新的对象，效果如图 3-35 所示。

图 3-33   图 3-34   图 3-35

STEP 15 选择"钢笔"工具，在适当的位置分别绘制不规则闭合图形，如图 3-36 所示。选择"选择"工具，按住 Shift 键的同时，将所绘制的图形同时选取，设置图形填充颜色为深绿色（其 C、M、Y、K 值分别为 83、31、98、0），填充图形，并设置描边色为无，效果如图 3-37 所示。

图 3-36   图 3-37

STEP 16 选择"椭圆"工具，按住 Shift 键的同时，在适当的位置绘制一个圆形，如图 3-38 所示。选择"选择"工具，按住 Shift 键的同时，单击下方图形将其同时选取，按 Ctrl+7 组合键，建立剪切蒙版，效果如图 3-39 所示。

图 3-38   图 3-39

STEP 17 选择"钢笔"工具 ✎，在适当的位置绘制一个不规则闭合图形，如图 3-40 所示。设置图形填充颜色为深绿色（其 C、M、Y、K 值分别为 83、31、98、0），填充图形，并设置描边色为无，效果如图 3-41 所示。

图 3-40　　　　　　　　　　　　　　图 3-41

STEP 18 选择"钢笔"工具 ✎，在适当的位置绘制一个不规则闭合图形，填充图形为白色，并设置描边色为无，效果如图 3-42 所示。选择"选择"工具 ▶，按住 Shift 键的同时，单击下方图形将其同时选取。选择"路径查找器"面板，单击"减去顶层"按钮 ◻，如图 3-43 所示，生成新的对象，效果如图 3-44 所示。

图 3-42　　　　　　　　　图 3-43　　　　　　　　　图 3-44

STEP 19 选择"钢笔"工具 ✎，在适当的位置绘制一个不规则闭合图形，如图 3-45 所示。设置图形填充颜色为深绿色（其 C、M、Y、K 值分别为 83、31、98、0），填充图形，并设置描边色为无，效果如图 3-46 所示。

图 3-45　　　　　　　　　　　　　　图 3-46

STEP 20 选择"文字"工具 T，在适当的位置分别输入需要的文字。选择"选择"工具 ▶，在属性栏中分别选择合适的字体并设置文字大小，效果如图 3-47 所示。将输入的文字同时选取，设置文字颜色为深绿色（其 C、M、Y、K 的值分别为 83、31、98、0），填充文字，效果如图 3-48 所示。

图 3-47　　　　　　　　　　　　　　图 3-48

STEP 21 选择"选择"工具 ，选取文字"节能环保"，按 Ctrl+T 组合键，弹出"字符"控制面板，将"水平缩放"选项 设置为 120%，如图 3-49 所示，按 Enter 键确认操作，效果如图 3-50 所示。

STEP 22 按 Ctrl+Shift+S 组合键，弹出"存储为"对话框，将其命名为"节能环保标志"，保存为 AI 格式，单击"保存"按钮，将文件保存。

图 3-49　　　　　　　　　　　　　　图 3-50

Photoshop 应用

3.1.2　制作标志立体效果

STEP 1 打开 Photoshop 软件，按 Ctrl + N 组合键，新建一个文件，宽度为 21cm，高度为 21cm，分辨率为 300 像素/英寸，颜色模式为 RGB，背景内容为白色，单击"确定"按钮。将前景色设为淡黄色（其 R、G、B 的值分别为 255、252、219），按 Alt+Delete 组合键，用前景色填充"背景"图层，效果如图 3-51 所示。

节能环保标志 2

STEP 2 将前景色设为淡绿色（其 R、G、B 的值分别为 112、218、84），选择"椭圆"工具 ，在属性栏中的"选择工具模式"选项中选择"形状"，在图像窗口中拖曳光标绘制一个椭圆形，效果如图 3-52 所示，在"图层"控制面板中生成新的图层"椭圆 1"。

图 3-51　　　　　　　　　　　　图 3-52

STEP 3 将前景色设为绿色（其 R、G、B 的值分别为 35、172、56），选择"椭圆"工具 ，在图像窗口中拖曳光标绘制一个椭圆形，效果如图 3-53 所示，在"图层"控制面板中生成新的图层

"椭圆 2"。

STEP 4 将前景色设为深绿色（其 R、G、B 的值分别为 23、134、62），选择"椭圆"工具 ，在图像窗口中拖曳光标绘制一个椭圆形，效果如图 3-54 所示，在"图层"控制面板中生成新的图层"椭圆 3"。

图 3-53　　　　　　　　　　图 3-54

STEP 5 选择"文件 > 置入"命令，弹出"置入"对话框，选择资源包中的"Ch03 > 效果 > 节能环保标志设计 > 节能环保标志"文件，单击"置入"按钮，弹出"置入 PDF"对话框，单击"确定"按钮，置入图片。拖曳图片到适当的位置并调整其大小，按 Enter 键确认操作，效果如图 3-55 所示，在"图层"控制面板中生成新的图层"节能环保标志"。

STEP 6 选择"图层 > 栅格化 > 智能对象"命令，将智能对象图层转换为普通图层，如图 3-56 所示。

图 3-55　　　　　　　　　　图 3-56

STEP 7 选择"矩形选框"工具 ，在图像窗口中绘制矩形选区，如图 3-57 所示。按 Ctrl+X 组合键，剪切选区中的文字。新建图层并将其命名为"标志文字"。按 Ctrl+Shift+V 组合键，将剪切的文字原位粘贴，"图层"控制面板如图 3-58 所示。

图 3-57　　　　　　　　　　图 3-58

STEP 8 将"节能环保标志"图层拖曳到"图层"控制面板下方的"创建新图层"按钮 上进行复制，生成新的图层"节能环保标志 拷贝"。单击该图层左侧的眼睛图标 ，将"节能环保标志 拷贝"图层隐藏，如图 3-59 所示。

STEP 9 选中"节能环保标志"图层。单击"图层"控制面板下方的"添加图层样式"按钮 **fx.**，在弹出的菜单中选择"斜面和浮雕"命令，弹出对话框，将高亮颜色设为浅绿色（其 R、G、B 的值分别为141、229、118），将阴影颜色设为淡绿色（其 R、G、B 的值分别为 112、218、84），其他选项的设置如图 3-60 所示，单击"确定"按钮，效果如图 3-61 所示。

图 3-59

图 3-60

图 3-61

STEP 10 单击"图层"控制面板下方的"添加图层样式"按钮 **fx.**，在弹出的菜单中选择"投影"命令，在弹出的对话框中进行设置，如图 3-62 所示，单击"确定"按钮，效果如图 3-63 所示。

图 3-62

图 3-63

STEP 11 选中并显示"节能环保标志 拷贝"图层，如图 3-64 所示。按 Ctrl+T 组合键，图像周围出现变换框，按住 Shift 键的同时，将中心点垂直向下拖曳到下边中间位置，如图 3-65 所示。在变换框中单击鼠标右键，在弹出的快捷菜单中选择"垂直翻转"命令，垂直翻转图像，按 Enter 键确认操作，效果如图 3-66 所示。

STEP 12 选择"图像 > 调整 > 去色"命令，去除图像颜色，效果如图 3-67 所示。单击"图层"控制面板下方的"添加图层蒙版"按钮 ，为"节能环保标志 拷贝"图层添加图层蒙版，如图 3-68 所示。

图 3-64

图 3-65

图 3-66

图 3-67

图 3-68

STEP 13 选择"渐变"工具，单击属性栏中的"点按可编辑渐变"按钮，弹出"渐变编辑器"对话框，将渐变色设为从黑色到白色，在图像窗口中拖曳光标填充渐变色，如图 3-69 所示，松开鼠标左键，效果如图 3-70 所示。

STEP 14 在"图层"控制面板中，将"节能环保标志 拷贝"图层拖曳到"椭圆 1"图层下方，如图 3-71 所示。

图 3-69

图 3-70

图 3-71

STEP 15 选中"标志文字"图层。新建图层并将其命名为"边框"。将前景色设为淡黑色（其 R、G、B 的值分别为 62、62、62）。按 Ctrl+A 组合键，图像周围生成选区，选择"编辑 > 描边"命令，弹出"描边"对话框，选项的设置如图 3-72 所示，单击"确定"按钮，效果如图 3-73 所示。按 Ctrl+D 组合键取消选区，效果如图 3-74 所示。节能环保标志制作完成。

STEP 16 按 Ctrl+Shift+E 组合键，合并可见图层。按 Ctrl+Shift+S 组合键，弹出"存储为"对话框，将其命名为"节能环保标志"，保存图像为 TIFF 格式，单击"保存"按钮，弹出"TIFF 选项"对话框，单击"确定"按钮，将图像保存。

图 3-72　　　　　　　　　　　　　图 3-73　　　　　　　　　　　　图 3-74

3.2　课后习题——茗香清茶有限公司标志设计

习题知识要点

　　在 Illustrator 中，使用文字工具、直接选择工具和删除锚点工具添加与编辑文字，使用钢笔工具和路径控制面板制作标志文字，使用符号库添加石头图形；在 Photoshop 中，使用图层样式命令制作标志文字的立体效果。茗香清茶有限公司标志设计效果如图 3-75 所示。

效果所在位置

　　资源包/Ch03/效果/茗香清茶有限公司标志设计/茗香清茶有限公司标志设计.tif。

图 3-75

茗香清茶有限公司
标志设计 1

茗香清茶有限公司
标志设计 2

Chapter

4

第 4 章
卡片设计

卡片，是人们增进交流的一种载体，是传递信息、交流情感的一种方式。卡片的种类繁多，有邀请卡、祝福卡、生日卡、圣诞卡、新年贺卡等。本章以产品宣传卡和音乐会门票的设计为例，讲解卡片的设计方法和制作技巧。

课堂学习目标

- 在 Photoshop 软件中制作卡片背景图
- 在 Illustrator 软件中添加装饰图形和卡片内容

4.1 产品宣传卡设计

🔍 **案例学习目标**

在 Photoshop 中，学习使用渐变工具、选区工具、变换命令和添加图层样式按钮制作产品宣传卡背景图。在 Illustrator 中，学习使用绘图工具、效果命令、符号面板和文字工具制作产品宣传卡正反面。

🔍 **案例知识要点**

在 Photoshop 中，使用矩形选框工具、变换命令和填充命令制作放射光效果，使用添加图层蒙版按钮、渐变工具制作放射光渐隐效果，使用叠加颜色命令为图片叠加颜色。在 Illustrator 中，使用矩形工具、倾斜工具制作矩形倾斜效果，使用星形工具、圆角命令、旋转工具和文字工具制作装饰星形，使用符号面板添加符号图形，使用高斯模糊命令为文字添加模糊效果，使用文字工具和填充工具添加标题及相关信息。产品宣传卡效果如图 4-1 所示。

🔍 **效果所在位置**

资源包/Ch04/效果/产品宣传卡设计/产品宣传卡.ai。

图 4-1

Photoshop 应用

4.1.1 制作背景图

STEP🔽1 打开 Photoshop 软件，按 Ctrl＋N 组合键，新建一个文件，宽度为 6cm，高度为 9cm，分辨率为 300 像素/英寸，颜色模式为 RGB，背景内容为白色，单击"确定"按钮。

产品宣传卡设计 1

STEP🔽2 选择"渐变"工具，单击属性栏中的"点按可编辑渐变"按钮，弹出"渐变编辑器"对话框，在"位置"选项中分别输入 0、50、100 三个位置点，分别设置三个位置点颜色的 R、G、B 值为 0（26、183、200）、50（139、208、224）、100（26、183、200），如图 4-2 所示。按住 Shift 键的同时，在图像窗口中由上至下拖曳光标填充渐变色，松开鼠标后，效果如图 4-3 所示。

STEP🔽3 单击"图层"控制面板下方的"创建新组"按钮，生成新的图层组并将其命名为"放射光"。新建图层并将其命名为"矩形 1"。将前景色设为淡黄色（其 R、G、B 的值分别为 255、253、232）。选择"矩形选框"工具，在图像窗口中绘制矩形选区，如图 4-4 所示。

STEP🔽4 选择"选择 > 变换选区"命令，选区周围出现变换框，如图 4-5 所示。在变换框中单击鼠标右键，在弹出的快捷菜单中选择"透视"命令，向右拖曳右下角的控制手柄到适当的位置，调整选区的大小，如图 4-6 所示，按 Enter 键确定操作。按 Alt+Delete 组合键，用前景色填充选区，按 Ctrl+D 组合键，取消选区，效果如图 4-7 所示。

图 4-2　　　　　　　　　图 4-3　　　　　　　　　图 4-4

图 4-5　　　　　图 4-6　　　　　图 4-7

STEP 5 按 Ctrl+Alt+T 组合键，在图像周围出现变换框，按 Alt 键的同时，拖曳中心点到控制手柄下边中间的位置，如图 4-8 所示。将图形旋转到适当的角度，如图 4-9 所示，按 Enter 键确认操作，效果如图 4-10 所示。连续按 Ctrl+Shift+Alt+T 组合键，按需要再复制多个图形，如图 4-11 所示。单击"放射光"图层组左侧的三角形图标▼，将"放射光"图层组中的图层隐藏。

图 4-8　　　　图 4-9　　　　图 4-10　　　　图 4-11

STEP 6 单击"图层"控制面板下方的"添加图层蒙版"按钮▣，为"放射光"图层组添加图层蒙版，如图 4-12 所示。选择"渐变"工具▣，单击属性栏中的"点按可编辑渐变"按钮▣，弹出"渐变编辑器"对话框，将渐变色设为从白色到黑色，选中属性栏中的"径向渐变"按钮▣，在图像窗口中从中心向右下角拖曳光标填充渐变色，如图 4-13 所示，松开鼠标左键，效果如图 4-14 所示。

图 4-12 图 4-13 图 4-14

STEP↘7 新建图层并将其命名为"羽化圆"。选择"椭圆选框"工具，按住 Shift 键的同时，在图像窗口中拖曳光标绘制圆形选区，效果如图 4-15 所示。按 Shift+F6 组合键，弹出"羽化选区"对话框，选项的设置如图 4-16 所示，单击"确定"按钮，羽化选区，按 Alt+Delete 组合键，用前景色填充选区，按 Ctrl+D 组合键，取消选区，效果如图 4-17 所示。

图 4-15 图 4-16 图 4-17

STEP↘8 在"图层"控制面板中，按住 Shift 键的同时，单击"放射光"图层组将其同时选取，如图 4-18 所示。按 Ctrl+E 组合键，合并图层并将其命名为"放射光"，如图 4-19 所示。按 Ctrl+T 组合键，在图像周围出现变换框，按住 Alt+Shift 键的同时，拖曳右上角的控制手柄等比例放大图形，按 Enter 键确认操作，效果如图 4-20 所示。

图 4-18 图 4-19 图 4-20

STEP 9 按 Ctrl+J 组合键，复制"放射光"图层，生成新的图层"放射光 拷贝"，如图 4-21 所示。单击"图层"控制面板下方的"添加图层样式"按钮 *fx.*，在弹出的菜单中选择"颜色叠加"命令，弹出对话框，将叠加颜色设为白色，其他选项的设置如图 4-22 所示，单击"确定"按钮，效果如图 4-23 所示。

图 4-21   图 4-22   图 4-23

STEP 10 单击"图层"控制面板下方的"添加图层蒙版"按钮 ，为"放射光 拷贝"图层添加图层蒙版，如图 4-24 所示。选择"渐变"工具 ，单击属性栏中的"点按可编辑渐变"按钮 ，弹出"渐变编辑器"对话框，将渐变色设为从黑色到白色，选中属性栏中的"线性渐变"按钮 ，在图像窗口中从中心向上拖曳光标填充渐变色，松开鼠标左键，效果如图 4-25 所示。

图 4-24   图 4-25

STEP 11 按 Ctrl+J 组合键，复制"放射光 拷贝"图层，生成新的图层"放射光 拷贝 2"。双击"颜色叠加"选项，弹出对话框，将叠加颜色设为黄色（其 R、G、B 的值分别为 255、241、186），其他选项的设置如图 4-26 所示，单击"确定"按钮，效果如图 4-27 所示。

STEP 12 按 Ctrl+T 组合键，在图像周围出现变换框，将光标放在变换框的控制手柄外边，光标变为旋转图标 ，拖曳光标将图像旋转到适当的角度，按 Enter 键确认操作，效果如图 4-28 所示。产品宣传卡背景图制作完成。

STEP 13 按 Shift+Ctrl+E 组合键，合并可见图层。按 Ctrl+Shift+S 组合键，弹出"存储为"对话框，将其命名为"产品宣传卡背景图"，保存为 JPEG 格式，单击"保存"按钮，弹出"JPEG 选项"对话框，单击"确定"按钮，将图像保存。

图 4-26

图 4-27   图 4-28

Illustrator 应用

4.1.2 制作宣传卡正面

STEP↘1 打开 Illustrator 软件，按 Ctrl+N 组合键，新建一个文档，设置文档的宽度为 60mm，高度为 90mm，取向为横向，颜色模式为 CMYK，单击"确定"按钮。

STEP↘2 选择"文件 > 置入"命令，弹出"置入"对话框，选择资源包中的"Ch04 > 效果 > 产品宣传卡设计 > 产品宣传卡背景图"文件，单击"置入"按钮，将图片置入到页面中。单击属性栏中的"嵌入"按钮嵌入图片。选择"选择"工具 ▶，拖曳图片到适当的位置，效果如图 4-29 所示。

产品宣传卡设计 2

STEP↘3 选择"矩形"工具 ▣，在适当的位置拖曳光标绘制一个矩形，填充图形为白色，并设置描边色为无，效果如图 4-30 所示。

图 4-29

图 4-30

STEP↘4 双击"倾斜"工具 ☑，弹出"倾斜"对话框，选项的设置如图 4-31 所示，单击"确定"按钮，效果如图 4-32 所示。

STEP↘5 选择"选择"工具 ▶，按住 Alt+Shift 组合键的同时，水平向上拖曳图形到适当的位置，复制图形。设置图形填充颜色为红色（其 C、M、Y、K 值分别为 0、100、100、10），填充图形，效果如图 4-33 所示。

STEP↘6 选择"星形"工具 ☆，在页面外单击鼠标左键，弹出"星形"对话框，选项的设置如图 4-34 所示，单击"确定"按钮，出现一个多角星形，如图 4-35 所示。

图 4-31　　　　　　　图 4-32　　　　　　　图 4-33

图 4-34　　　　　　　图 4-35

STEP　7 选择"效果 > 风格化 > 圆角"命令，在弹出的对话框中进行设置，如图 4-36 所示，单击"确定"按钮，效果如图 4-37 所示。设置图形填充颜色为红色（其 C、M、Y、K 的值分别为 0、100、100、10），填充图形，并设置描边色为无，效果如图 4-38 所示。

图 4-36　　　　　　　图 4-37　　　　　　　图 4-38

STEP　8 双击"旋转"工具，弹出"旋转"对话框，选项的设置如图 4-39 所示，单击"复制"按钮，效果如图 4-40 所示。

图 4-39　　　　　　　图 4-40

STEP 9 保持图形处于被选取状态。设置描边色为浅黄色（其 C、M、Y、K 的值分别为 0、0、50、0），填充描边；选择"窗口 > 描边"命令，弹出"描边"控制面板，单击"对齐描边"选项中的"使描边外侧对齐"按钮，其他选项的如图 4-41 所示，按 Enter 键，描边效果如图 4-42 所示。

图 4-41

图 4-42

STEP 10 选择"对象 > 变换 > 缩放"命令，在弹出的"比例缩放"对话框中进行设置，如图 4-43 所示，单击"确定"按钮，效果如图 4-44 所示。

STEP 11 选择"选择"工具，按 Ctrl+C 组合键，复制图形，按 Ctrl+F 组合键，将复制的图形粘贴在前面。设置图形填充颜色为黄色（其 C、M、Y、K 的值分别为 0、15、100、10），填充图形，并设置描边色为无，效果如图 4-45 所示。

图 4-43

图 4-44

图 4-45

STEP 12 选择"效果 > 风格化 > 内发光"命令，在弹出的对话框中进行设置，如图 4-46 所示，单击"确定"按钮，效果如图 4-47 所示。

STEP 13 选择"文字"工具，在适当的位置分别输入需要的文字。选择"选择"工具，在属性栏中分别选择合适的字体并设置文字大小，填充文字为白色，效果如图 4-48 所示。选取数字"50"，在属性栏中选择合适的字体并设置文字大小，效果如图 4-49 所示。

图 4-46   图 4-47   图 4-48   图 4-49

STEP 14 选择"选择"工具 ，按住 Shift 键的同时，依次单击将输入的文字同时选取，如图
4-50 所示。设置文字描边色为土黄色（其 C、M、Y、K 的值分别为 0、30、100、0），填充文字描边，
效果如图 4-51 所示。用圈选的方法将文字和图形同时选取，并将其拖曳到页面中适当的位置，效果如图
4-52 所示。

图 4-50　　　　　　　　　图 4-51　　　　　　　　　图 4-52

STEP 15 选择"窗口 > 符号库 > 箭头"命令，弹出"箭头"面板，选择需要的符号，如图 4-53
所示，拖曳符号到适当的位置，效果如图 4-54 所示。在符号图形上单击鼠标右键，在弹出的菜单中选择
"断开符号链接"命令，效果如图 4-55 所示。

图 4-53　　　　　　　　　图 4-54　　　　　　　图 4-55

STEP 16 保持图形处于被选取状态。选择"对象 > 变换 > 缩放"命令，在弹出的"比例缩放"
对话框中进行设置，如图 4-56 所示，单击"确定"按钮，效果如图 4-57 所示。选择"选择"工具 ，
按住 Alt 键的同时，向下拖曳上边中间的控制手柄，调整其大小，效果如图 4-58 所示。

图 4-56　　　　　　　图 4-57　　　　　图 4-58

STEP 17 保持图形处于被选取状态。设置图形填充颜色为土黄色（其 C、M、Y、K 的值分别为
0、30、100、0），填充图形，并设置描边色为无，效果如图 4-59 所示。按住 Alt+Shift 组合键的同时，

水平向左拖曳图形到适当的位置，复制图形，并调整其大小，效果如图 4-60 所示。填充图形为白色，用圈选的方法将所绘制的图形同时选取，按 Ctrl+G 组合键，将其编组，拖曳编组图形到页面中适当的位置，并旋转到适当的角度，效果如图 4-61 所示。

图 4-59　　　　　　　　图 4-60　　　　　　　　图 4-61

STEP 18 双击"旋转"工具 ⟳，弹出"旋转"对话框，选项的设置如图 4-62 所示，单击"复制"按钮。选择"选择"工具 ▶，向左拖曳复制的图形到适当的位置，效果如图 4-63 所示。

图 4-62　　　　　　　　　　图 4-63

STEP 19 选择"文字"工具 T，在适当的位置分别输入需要的文字。选择"选择"工具 ▶，在属性栏中选择合适的字体并设置文字大小，效果如图 4-64 所示。按住 Shift 键的同时，将输入的文字同时选取，按 Ctrl+C 组合键，复制文字，按 Ctrl+B 组合键，将复制的文字粘贴在后面，填充文字为白色，并设置描边色为白色，在属性栏中将"描边粗细"选项设置为 3pt，按 Enter 键，效果如图 4-65 所示。

图 4-64　　　　　　　　图 4-65

STEP 20 选择"选择"工具 ▶ ，按住 Shift 键的同时，依次单击黑色文字将其同时选取，按 Shift+Ctrl+O 组合键，将文字转化为轮廓路径，效果如图 4-66 所示。选择"对象 > 扩展"命令，扩展文字外观，效果如图 4-67 所示。

图 4-66

图 4-67

STEP 21 选取后方白色文字，选择"效果 > 模糊 > 高斯模糊"命令，在弹出的对话框中进行设置，如图 4-68 所示，单击"确定"按钮，效果如图 4-69 所示。

图 4-68

图 4-69

STEP 22 选择"选择"工具 ▶ ，选取需要的文字，如图 4-70 所示。设置文字颜色为黄色（其 C、M、Y、K 的值分别为 0、15、100、10），填充文字，效果如图 4-71 所示。

图 4-70

图 4-71

STEP 23 选择"效果 > 风格化 > 内发光"命令，在弹出的对话框中进行设置，如图 4-72 所示，单击"确定"按钮，效果如图 4-73 所示。

图 4-72

图 4-73

STEP 24 选择"选择"工具 ▶ ，选取需要的文字，设置文字颜色为红色（其 C、M、Y、K 的值分别为 0、100、100、10），填充文字，效果如图 4-74 所示。按住 Shift 键的同时，依次单击需要的文字图形将其同时选取，并旋转到适当的角度，效果如图 4-75 所示。

图 4-74　　　　　　　　　　　　　　　　图 4-75

STEP 25 选择"椭圆"工具 ◯，按住 Shift 键的同时，在适当的位置绘制一个圆形，设置图形填充颜色为大红色（其 C、M、Y、K 值分别为 0、100、100、0），填充图形，并设置描边色为无，效果如图 4-76 所示。

STEP 26 选择"选择"工具 ▶，按 Ctrl+C 组合键，复制图形，按 Ctrl+F 组合键，将复制的图形粘贴在前面。按住 Alt+Shift 组合键的同时，拖曳右上角的控制手柄，等比例缩小图形，填充图形为白色，效果如图 4-77 所示。按住 Shift 键的同时，单击红色圆将其同时选取，按 Ctrl+8 组合键，建立复合路径，效果如图 4-78 所示。

图 4-76　　　　　　　　　图 4-77　　　　　　　　图 4-78

STEP 27 选择"钢笔"工具 ✐，在适当的位置绘制一个不规则图形，设置图形填充颜色为大红色（其 C、M、Y、K 值分别为 0、100、100、0），填充图形，并设置描边色为无，效果如图 4-79 所示。

STEP 28 选择"文字"工具 T，在适当的位置输入需要的文字。选择"选择"工具 ▶，在属性栏中选择合适的字体并设置文字大小，效果如图 4-80 所示。

图 4-79　　　　　　　　　　　　　　　　图 4-80

STEP 29 选择"文字"工具 T，在适当的位置输入需要的文字。选择"选择"工具 ↖，在属性栏中选择合适的字体并设置文字大小，填充文字为白色，效果如图 4-81 所示。按住 Shift 键的同时，在页面中选取需要的图形和文字，如图 4-82 所示，按 Ctrl+C 组合键，复制图形和文字。

图 4-81　　　　　　　　　　　　　　图 4-82

4.1.3　制作宣传卡反面

STEP 1 选择"窗口 > 图层"命令，弹出"图层"控制面板，单击面板下方的"创建新图层"按钮 🗔，得到一个"图层 2"，如图 4-83 所示。单击"图层 1"图层左侧的眼睛图标 👁，将"图层 1"图层隐藏，如图 4-84 所示。

STEP 2 按 Ctrl+Shift+V 组合键，将复制的图形和文字原位粘贴，如图 4-85 所示。选择"选择"工具 ↖，按住 Shift 键的同时，选取需要的图形，水平向上拖曳图形到适当的位置，效果如图 4-86 所示。使用相同方法调整其他图形和文字的位置，并调整其大小，效果如图 4-87 所示。

产品宣传卡设计 3

图 4-83　　　　　　　　　　　　　　图 4-84

图 4-85　　　　　　　图 4-86　　　　　　　图 4-87

STEP 3 选择"椭圆"工具 ，按住 Shift 键的同时，在适当的位置绘制一个圆形，填充图形为白色，并设置描边色为无，效果如图 4-88 所示。选择"效果 > 模糊 > 高斯模糊"命令，在弹出的对话框中进行设置，如图 4-89 所示，单击"确定"按钮，效果如图 4-90 所示。

图 4-88　　　　　　　　　　　图 4-89　　　　　　　　　　　图 4-90

STEP 4 选择"文件 > 置入"命令，弹出"置入"对话框，选择资源包中的"Ch04 > 素材 > 产品宣传卡设计 > 01"文件，单击"置入"按钮，将图片置入到页面中。单击属性栏中的"嵌入"按钮，嵌入图片。选择"选择"工具 ，拖曳图片到适当的位置并调整其大小，效果如图 4-91 所示。

STEP 5 选择"文字"工具 ，在适当的位置分别输入需要的文字。选择"选择"工具 ，在属性栏中选择合适的字体并设置文字大小，效果如图 4-92 所示。

图 4-91　　　　　　　　　　　　　　图 4-92

STEP 6 选择"选择"工具 ，选取文字"BEST"，设置文字颜色为黄色（其 C、M、Y、K 的值分别为 0、40、100、0），填充文字，效果如图 4-93 所示。选取文字"DEAL"，设置文字颜色为红色（其 C、M、Y、K 的值分别为 0、100、90、0），填充文字，效果如图 4-94 所示。

图 4-93　　　　　　　　　　　　　　图 4-94

STEP 7 选择"选择"工具 ，按住 Shift 键的同时，单击上方文字将其同时选取，如图 4-95 所示。双击"旋转"工具 ，弹出"旋转"对话框，选项的设置如图 4-96 所示，单击"确定"按钮，效果如图 4-97 所示。使用相同方法输入其他文字，填充相应的颜色并旋转到适当的角度，效果如图 4-98 所示。

图 4-95

图 4-96

图 4-97

图 4-98

STEP 8 选择"圆角矩形"工具 ，在页面中单击鼠标左键，弹出"圆角矩形"对话框，选项的设置如图 4-99 所示，单击"确定"按钮，出现一个圆角矩形。选择"选择"工具 ，拖曳圆角矩形到适当的位置，填充图形为白色，并设置描边色为无，效果如图 4-100 所示。

图 4-99

图 4-100

STEP 9 保持图形处于被选取状态。在属性栏中将"不透明度"选项设为 50%，效果如图 4-101 所示。连续按 Ctrl+[组合键，向后移动图形到适当的位置，效果如图 4-102 所示。

STEP 10 选择"文字"工具 ，在适当的位置输入需要的文字。选择"选择"工具 ，在属性栏中选择合适的字体并设置文字大小。设置文字颜色为红色（其 C、M、Y、K 的值分别为 0、100、90、0），填充文字，效果如图 4-103 所示。

图 4-101   图 4-102   图 4-103

STEP 11 选择"文字"工具 T ，在适当的位置输入需要的文字。选择"选择"工具 ，在属性栏中选择合适的字体并设置文字大小，效果如图 4-104 所示。

STEP 12 按 Ctrl+T 组合键，弹出"字符"控制面板，将"设置行距"选项 设为 7pt，其他选项设置如图 4-105 所示，按 Enter 键，效果如图 4-106 所示。

图 4-104   图 4-105   图 4-106

STEP 13 选择"文字"工具 T ，在适当的位置单击鼠标插入光标，如图 4-107 所示。选择"文字 > 字形"命令，在弹出的"字形"面板中按需要进行设置并选择需要的字形，如图 4-108 所示，双击鼠标左键插入字形，效果如图 4-109 所示。用相同的方法在适当的位置再次插入字形，效果如图 4-110 所示。

图 4-107   图 4-108

图 4-109   图 4-110

STEP 14 选择"矩形"工具 ▣，在适当的位置拖曳光标绘制一个矩形，填充图形为白色，并设置描边色为无，效果如图 4-111 所示。双击"倾斜"工具 ☑，弹出"倾斜"对话框，选项的设置如图 4-112 所示，单击"确定"按钮，效果如图 4-113 所示。

图 4-111　　　　　　　　　　图 4-112　　　　　　　　　　图 4-113

STEP 15 选择"选择"工具 ➤，按住 Alt 键的同时，向右拖曳图形到适当的位置，复制图形。设置图形填充颜色为大红色（其 C、M、Y、K 值分别为 0、100、100、0），填充图形，效果如图 4-114 所示。

STEP 16 选择"文字"工具 T，在适当的位置分别输入需要的文字。选择"选择"工具 ➤，在属性栏中分别选择合适的字体并设置文字大小，效果如图 4-115 所示。

图 4-114　　　　　　　　　　　　　图 4-115

STEP 17 选择"选择"工具 ➤，将输入的文字同时选取，设置文字颜色为黄色（其 C、M、Y、K 的值分别为 0、15、100、0），填充文字，效果如图 4-116 所示。将光标移动到右上角的控制手柄上，光标变为旋转图标 ↰，向上拖曳并将其旋转到适当的角度，效果如图 4-117 所示。

图 4-116　　　　　　　　　　　　　图 4-117

STEP 18 选择"文字"工具 T，在适当的位置输入需要的文字。选择"选择"工具 ➤，在属性栏中选择合适的字体并设置文字大小。设置文字颜色为红色（其 C、M、Y、K 的值分别为 0、100、90、0），填充文字，效果如图 4-118 所示。

STEP 19 选择"文字"工具 **T**，选取英文文字"Visit our store"，设置文字颜色为蓝色（其 C、M、Y、K 的值分别为 65、0、17、0），填充文字，效果如图 4-119 所示。选择"选择"工具 **↖**，选取需要的文字，填充文字描边为白色，在属性栏中将"描边粗细"选项设置为 0.5pt，按 Enter 键，效果如图 4-120 所示。

图 4-118   图 4-119   图 4-120

STEP 20 选择"文件 > 置入"命令，弹出"置入"对话框，选择资源包中的"Ch04 > 素材 > 产品宣传卡设计 > 02"文件，单击"置入"按钮，将图片置入到页面中，单击属性栏中的"嵌入"按钮，嵌入图片。选择"选择"工具 **↖**，拖曳图片到适当的位置并调整其大小，效果如图 4-121 所示。

STEP 21 选择"矩形"工具 **▭**，在适当的位置拖曳光标绘制一个矩形，设置图形填充颜色为红色（其 C、M、Y、K 的值分别为 0、100、90、0），填充图形，并设置描边色为无，效果如图 4-122 所示。

图 4-121   图 4-122

STEP 22 选择"文字"工具 **T**，在适当的位置分别输入需要的文字。选择"选择"工具 **↖**，在属性栏中分别选择合适的字体并设置文字大小，填充文字为白色，效果如图 4-123 所示。

STEP 23 选取需要的文字，按 Ctrl+T 组合键，弹出"字符"控制面板，将"设置行距"选项 设为 9pt，其他选项设置如图 4-124 所示，按 Enter 键，效果如图 4-125 所示。

图 4-123   图 4-124   图 4-125

STEP 24 选择"圆角矩形"工具 ，在页面中单击鼠标左键，弹出"圆角矩形"对话框，选项的设置如图 4-126 所示，单击"确定"按钮，出现一个圆角矩形。选择"选择"工具 ，拖曳圆角矩形到适当的位置，设置图形填充颜色为浅黄色（其 C、M、Y、K 值分别为 0、20、70、0），填充图形，效果如图 4-127 所示。

图 4-126

图 4-127

STEP 25 选择"窗口 > 符号库 > 艺术纹理"命令，弹出"艺术纹理"面板，选择需要的符号，如图 4-128 所示，拖曳符号到适当的位置，效果如图 4-129 所示。

STEP 26 选择"选择"工具 ，在符号图形上单击鼠标右键，在弹出的菜单中选择"断开符号链接"命令，效果如图 4-130 所示。设置描边色为红色（其 C、M、Y、K 的值分别为 0、100、90、0），填充描边，效果如图 4-131 所示。

图 4-128

图 4-129

图 4-130

图 4-131

STEP 27 选择"选择"工具 ，选取下方圆角矩形，按住 Alt+Shift 键的同时，水平向右拖曳图形到适当的位置，复制图形，效果如图 4-132 所示。

STEP 28 选择"文字"工具 T，在适当的位置输入需要的文字。选择"选择"工具 ，在属性栏中选择合适的字体并设置文字大小，设置文字颜色为红色（其 C、M、Y、K 的值分别为 0、100、90、0），填充文字，效果如图 4-133 所示。

图 4-132

图 4-133

STEP 29 产品宣传卡制作完成，效果如图 4-134 所示。按 Ctrl+S 组合键，弹出"存储为"对话框，将其命名为"产品宣传卡"，保存为 AI 格式，单击"保存"按钮，将文件保存。

图 4-134

4.2 音乐会门票设计

案例学习目标

在 Photoshop 中，学习使用图层面板、滤镜命令和画笔工具制作宣传背景效果。在 Illustrator 中，学习使用绘图工具、文字工具和字符面板制作门票信息和副券。

案例知识要点

在 Photoshop 中，使用杂色滤镜和矩形选框工具绘制背景效果，使用图层面板和画笔工具制作图片融合效果，使用直线工具和图层样式面板制作立体条线。在 Illustrator 中，使用置入命令和对齐面板添加底图，使用文本工具、字符面板和填充工具制作主体文字，使用直线段工具和描边面板添加区隔线。音乐会门票设计效果如图 4-135 所示。

效果所在位置

资源包/Ch09/效果/音乐会门票设计/音乐会门票.ai。

图 4-135

Photoshop 应用

4.2.1 添加参考线

STEP 1 按 Ctrl + N 组合键，新建一个文件：宽度为 15.24m，高度为 5.72cm，分辨率为 300 像素/英寸，颜色模式为 RGB，背景内容为白色。选择"视图 > 新建参考线"命令，在弹出的对话框中进行设置，如图 4-136 所示，单击"确定"按钮，效果如图 4-137 所示。用相同的方法在 10.24cm 和 14.94cm 处新建参考线，如图 4-138 所示。

音乐会门票设计 1

图 4-136   图 4-137

图 4-138

STEP 2 选择"视图 > 新建参考线"命令，在弹出的对话框中进行设置，如图 4-139 所示，单击"确定"按钮，效果如图 4-140 所示。用相同的方法在 5.42cm 处新建参考线，如图 4-141 所示。

图 4-139   图 4-140

图 4-141

4.2.2 制作背景效果

STEP 1 选择"滤镜 > 杂色 > 添加杂色"命令，在弹出的对话框中进行设置，如图 4-142 所示，单击"确定"按钮，效果如图 4-143 所示。

STEP 2 新建图层并将其命名为"色块"。将前景色设为珍珠灰（其 R、G、B 的值分别为 204、177、162）。选择"矩形选框"工具 ，在图像窗口中绘制矩形选区。按 Alt+Delete 组合键，用前景色填充选区，按 Ctrl+D 组合键，取消选区，效果如图 4-144 所示。

图 4-142

图 4-143

图 4-144

STEP 3 在"图层"控制面板上方，将"色块"图层的"不透明度"选项设为 10%，如图 4-145 所示，图像效果如图 4-146 所示。

图 4-145

图 4-146

STEP 4 按 Ctrl + O 组合键，打开资源包中的"Ch04 > 素材 > 音乐会门票设计 > 01、02"文件。选择"移动"工具 ，分别将图片拖曳到图像窗口中适当的位置，并调整其大小，效果如图 4-147 所示，在"图层"控制面板中分别生成新图层并将其命名为"墨色 1"和"墨色 2"。

图 4-147

STEP 5 按 Ctrl + O 组合键，打开资源包中的"Ch04 > 素材 > 音乐会门票设计 > 03"文件。

选择"移动"工具 ▸⊹，将图片拖曳到图像窗口中适当的位置，并调整其大小，效果如图 4-148 所示，在"图层"控制面板中生成新图层并将其命名为"颜色"。

图 4-148

STEP ↘6 在"图层"控制面板上方，将"颜色"图层的混合模式选项设为"变亮"，如图 4-149 所示，图像效果如图 4-150 所示。

图 4-149

图 4-150

STEP ↘7 单击"图层"控制面板下方的"添加图层蒙版"按钮 ▣，为"颜色"图层添加图层蒙版，如图 4-151 所示。将前景色设为黑色。选择"画笔"工具 ✎，在属性栏中单击"画笔"选项右侧的按钮 ⌄，在弹出的面板中选择需要的画笔形状，如图 4-152 所示，在图像窗口中拖曳鼠标擦除不需要的图像，效果如图 4-153 所示。

图 4-151

图 4-152

图 4-153

STEP★8 单击"图层"控制面板下方的"创建新的填充或调整图层"按钮 ，在弹出的菜单中选择"色相/饱和度"命令。在"图层"控制面板中生成"色相/饱和度 1"图层，同时在弹出的"色相/饱和度"面板中进行设置，使下方的"此调整剪切到此图层"按钮 处于被选取状态，如图 4-154 所示，按 Enter 键确认操作，图像效果如图 4-155 所示。

图 4-154

图 4-155

STEP★9 按 Ctrl+O 组合键，打开资源包中的"Ch04 > 素材 > 音乐会门票设计 > 04"文件。选择"移动"工具，将图片拖曳到图像窗口中适当的位置，并调整其大小，效果如图 4-156 所示，在"图层"控制面板中生成新图层并将其命名为"人物剪影"。

图 4-156

STEP★10 新建图层并将其命名为"线"。选择"直线"工具，在属性栏的"选择工具模式"选项中选择"像素"，将"粗细"选项设为 4 像素，在图像窗口中适当的位置绘制多条直线，如图 4-157 所示。单击"图层"控制面板下方的"添加图层样式"按钮 **fx.**，在弹出的菜单中选择"斜面和浮雕"命令，在弹出的对话框中进行设置，如图 4-158 所示。

图 4-157

图 4-158

STEP 11 选择对话框左侧的"纹理"选项，切换到相应的对话框。单击"图案"选项右侧的按钮，单击面板右上方的按钮，在弹出的菜单中选择"艺术表面"命令，弹出提示对话框，单击"追加"按钮。在面板中选择需要的纹理，如图 4-159 所示，其他选项的设置如图 4-160 所示。

图 4-159　　　　　　　　　　　　　　　图 4-160

STEP 12 选择对话框左侧的"渐变叠加"选项，切换到相应的对话框。单击"渐变"选项右侧的"点按可编辑渐变"按钮，弹出"渐变编辑器"对话框，将渐变色设为从黑色到白色，单击"确定"按钮，返回到"图层样式"对话框，其他选项的设置如图 4-161 所示，单击"确定"按钮，效果如图 4-162 所示。

图 4-161　　　　　　　　　　　　　　　图 4-162

STEP 13 选择"移动"工具，按住 Alt 键的同时，拖曳图形到适当的位置，复制图形，效果如图 4-163 所示，在"图层"控制面板中生成新的拷贝图层"线 拷贝"。

图 4-163

STEP 14 单击"图层"控制面板下方的"创建新的填充或调整图层"按钮 ，在弹出的菜单中选择"渐变映射"命令，在"图层"控制面板中生成"渐变映射 1"图层，同时弹出"渐变映射"面板，如图 4-164 所示。单击"点按可编辑渐变"按钮 ████ ，弹出"渐变编辑器"对话框，在"预设"选项中选择"紫，橙渐变"，如图 4-165 所示，单击"确定"按钮，图像效果如图 4-166 所示。

图 4-164

图 4-165

图 4-166

STEP 15 在"图层"控制面板上方，将"渐变映射 1"图层的混合模式选项设为"叠加"，如图 4-167 所示，图像效果如图 4-168 所示。

STEP 16 按 Shift+Ctrl+E 组合键，合并可见图层。按 Ctrl+S 组合键，弹出"存储为"对话框，将其命名为"音乐会门票背景"，保存为 JPEG 格式，单击"保存"按钮，弹出"JPEG 选项"对话框，单击"确定"按钮，将图像保存。

图 4-167

图 4-168

Illustrator 应用

4.2.3 添加门票信息

STEP 1 打开 Illustrator 软件，按 Ctrl+N 组合键新建一个文档，宽度为

音乐会门票设计 2

152.4mm，高度为 57.2mm，颜色模式为 CMYK，单击"确定"按钮。选择"文件 > 置入"命令，弹出"置入"对话框，选择资源包中的"Ch04 > 效果 > 音乐会门票背景"文件，单击"置入"按钮，置入文件。单击属性栏中的"嵌入"按钮，嵌入图片，效果如图 4-169 所示。

图 4-169

STEP 2 选择"选择"工具，选取图片。选择"窗口 > 对齐"命令，弹出"对齐"面板，将"对齐"选项设为"对齐画板"，单击"垂直居中对齐"按钮和"水平居中对齐"按钮，居中对齐画板，效果如图 4-170 所示。

图 4-170

STEP 3 选择"文字"工具，在适当的位置分别输入需要的文字。选择"选择"工具，在属性栏中选择合适的字体和文字大小，填充文字为白色，效果如图 4-171 所示。

图 4-171

STEP 4 选择"文字"工具，在适当的位置分别输入需要的文字。选择"选择"工具，在属性栏中分别选择合适的字体和文字大小，填充文字为白色，效果如图 4-172 所示。选取需要的文字，选择"窗口 > 文字 > 字符"命令，在弹出的面板中进行设置，如图 4-173 所示，按 Enter 键确认操作，效果如图 4-174 所示。

STEP 5 保持文字处于被选取状态，设置文字填充颜色为浅黄色（其 C、M、Y、K 值分别为 0、0、45、0），填充文字，效果如图 4-175 所示。选择"文字"工具，分别选取需要的文字，设置文字填充颜色为橙黄色（其 C、M、Y、K 值分别

图 4-172

为 0、42、100、0），填充文字，效果如图 4-176 所示。

图 4-173

图 4-174

图 4-175

图 4-176

STEP↘6 选择"文字"工具 T，在适当的位置分别输入需要的文字。选择"选择"工具 ，在属性栏中分别选择合适的字体和文字大小，填充文字为白色，效果如图 4-177 所示。选择"钢笔"工具 ，在适当的位置绘制图形，设置图形填充颜色为锡器灰（其 C、M、Y、K 值分别为 60、60、46、0），填充图形，并设置描边色为无，如图 4-178 所示。

图 4-177

图 4-178

STEP↘7 选择"文字"工具 T，在适当的位置分别输入需要的文字。选择"选择"工具 ，在属性栏中分别选择合适的字体和文字大小，效果如图 4-179 所示。选取需要的文字，在"字符"面板中进行设置，如图 4-180 所示，按 Enter 键确认操作，效果如图 4-181 所示。

图 4-179

图 4-180

图 4-181

STEP⬇8 按住 Shift 键的同时，将需要的文字同时选取，在"字符"面板中进行设置，如图 4-182 所示，按 Enter 键确认操作，效果如图 4-183 所示。

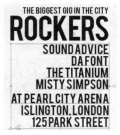

图 4-182　　　　　　　　　　图 4-183

STEP⬇9 选取需要的文字，在"字符"面板中进行设置，如图 4-184 所示，按 Enter 键确认操作，效果如图 4-185 所示。

图 4-184　　　　　　　　　　图 4-185

STEP⬇10 选取需要的文字，设置文字填充颜色为珍珠色（其 C、M、Y、K 值分别为 25、27、25、0），填充文字，效果如图 4-186 所示。选取需要的文字，设置文字填充颜色为橙黄色（其 C、M、Y、K 值分别为 0、50、100、0），填充文字，效果如图 4-187 所示。

STEP⬇11 选择"钢笔"工具 ✐，在适当的位置绘制图形，设置图形填充颜色为象牙色（其 C、M、Y、K 值分别为 12、15、17、0），填充图形，并设置描边色为无，如图 4-188 所示。选择"选择"工具 ▸，按住 Alt 键的同时，将图形拖曳到适当的位置，复制图形，效果如图 4-189 所示。

图 4-186　　　　　图 4-187　　　　　图 4-188　　　　　图 4-189

STEP⬇12 选择"文字"工具 T，在适当的位置输入需要的文字。选择"选择"工具 ▸，在属性栏中选择合适的字体和文字大小，设置文字填充颜色为珍珠色（其 C、M、Y、K 值分别为 25、27、25、0），填充文字，效果如图 4-190 所示。在"字符"面板中进行设置，如图 4-191 所示，按 Enter 键确认操作，效果如图 4-192 所示。将文字旋转到适当的角度，并拖曳到适当的位置，效果如图 4-193 所示。

图 4-190 　　　　　　　　　　图 4-191 　　　　　　　　　　图 4-192 　　　　　　　　　　图 4-193

STEP 13 选择"直线段"工具 ✎，按住 Shift 键的同时，在适当的位置绘制直线。选择"窗口 >
描边"命令，在弹出的面板中进行设置，如图 4-194 所示，按 Enter 键确认操作，效果如图 4-195 所示。

图 4-194 　　　　　　　　　图 4-195

4.2.4　制作副券

STEP 1 选择"直线段"工具 ✎，按住 Shift 键的同时，在适当的位置绘制直线。在属性栏中将
"描边粗细"选项设为 0.5pt，按 Enter 键确认操作。设置直线描边颜色为贝色（其 C、M、Y、K 值分别为
10、11、11、0），填充描边，效果如图 4-196 所示。

STEP 2 选择"选择"工具 ▶，按住 Alt 键的同时，将直线拖曳到适当的位置，复制直线，效果
如图 4-197 所示。连续按 Ctrl+D 组合键，复制多条直线，效果如图 4-198 所示。

图 4-196 　　　　　　　　　　图 4-197 　　　　　　　　　　图 4-198

STEP 3 用圈选的方法将需要的直线同时选取，按 Ctrl+G 组合键，群组图形，如图 4-199 所示。
拖曳光标将其旋转到适当的角度，效果如图 4-200 所示。

图 4-199　　　　　　　　　　　　图 4-200

STEP 4 选择"矩形"工具 ▣，在适当的位置绘制矩形，如图 4-201 所示。选择"选择"工具 ▶，按住 Shift 键的同时，将矩形和群组图形同时选取，按 Ctrl+7 组合键，创建剪切蒙版，效果如图 4-202 所示。

图 4-201　　　　　　　　　　　　图 4-202

STEP 5 选择"直线段"工具 ╱，按住 Shift 键的同时，在适当的位置绘制直线。在属性栏中将"描边粗细"选项设为 0.6pt，按 Enter 键确认操作。设置直线描边颜色为暗灰色（其 C、M、Y、K 值分别为 74、74、74、57），填充描边，效果如图 4-203 所示。

STEP 6 用相同的方法绘制其他直线，效果如图 4-204 所示。选择"矩形"工具 ▣，在适当的位置分别绘制矩形。设置图形填充颜色为暗灰色（其 C、M、Y、K 值分别为 74、74、74、57），填充图形，并设置描边色为无，效果如图 4-205 所示。

图 4-203　　　　　　图 4-204　　　　　　图 4-205

STEP 7 选择"选择"工具 ▶，按住 Shift 键的同时，将需要的图形和直线同时选取，按 Ctrl+G 组合键，群组图形，如图 4-206 所示。选择"选择"工具 ▶，按住 Alt 键的同时，拖曳图形到适当的位置，复制图形，效果如图 4-207 所示。选择"镜像"工具 ◪，向右拖曳镜像图形，效果如图 4-208 所示。

图 4-206   图 4-207   图 4-208

STEP 8 选择"文字"工具 T，在适当的位置分别输入需要的文字。选择"选择"工具，在属性栏中分别选择合适的字体和文字大小，效果如图 4-209 所示。按住 Shift 键的同时，将需要的文字同时选取，设置文字填充颜色为贝色（其 C、M、Y、K 值分别为 12、12、13、0），填充文字，效果如图 4-210 所示。连续按 Ctrl+[组合键，后移文字，效果如图 4-211 所示。

图 4-209   图 4-210   图 4-211

STEP 9 选择"直线段"工具，按住 Shift 键的同时，在适当的位置绘制直线。在"描边"面板中进行设置，如图 4-212 所示，按 Enter 键确认操作，效果如图 4-213 所示。用相同的方法绘制其他虚线，如图 4-214 所示。音乐会门票设计制作完成，效果如图 4-215 所示。

图 4-212   图 4-213   图 4-214

图 4-215

4.3 课后习题——饭店优惠卡设计

习题知识要点

　　在 Photoshop 中，使用矩形选框工具和定义图案命令制作十字形图案，使用图案填充命令、图层混合模式和不透明度命令制作背景网格；在 Illustrator 中，使用文字工具、创建剪切蒙版命令制作背景文字，使用椭圆工具、羽化命令和画笔面板制作标志文字装饰背景，使用矩形工具和画笔面板制作宣传性文字装饰框。饭店优惠卡设计效果如图 4-216 所示。

效果所在位置

　　资源包/Ch04/效果/饭店优惠卡设计/饭店优惠卡.ai。

图 4-216

饭店优惠卡设计 1

饭店优惠卡设计 2

Chapter

5

第 5 章
UI 设计

UI（User Interface）设计，即用户界面设计，主要包括人机交互、操作逻辑和界面美观的整体设计。随着信息技术的高速发展，用户对信息的需求量不断增加，图形界面的设计也越来越多样化。本章以 APP 旅游设计为例，讲解 APP 旅游的设计方法和制作技巧。

课堂学习目标

- 在 Illustrator 软件中制作 APP 旅游界面
- 在 Photoshop 软件中制作 APP 旅游网页广告

5.1 APP 旅游设计

🔍 **案例学习目标**

　　在 Illustrator 中，学习使用绘图工具和路径查找器面板制作 APP 图标，使用文字工具添加相关文字。在 Photoshop 中，学习使用多种调整命令调整图片颜色，使用椭圆选框工具、描边命令和外发光命令制作圆环。

🔍 **案例知识要点**

　　在 Illustrator 中，使用置入命令添加素材图片，使用绘图工具、路径查找器面板和文字工具制作 APP 图标。在 Photoshop 中，使用高斯模糊滤镜命令为图片添加模糊效果，使用多种调整命令调整图片颜色，使用添加图层蒙版按钮、渐变工具和画笔工具制作图片渐隐效果，使用变换命令、图层控制面板编辑素材图片，使用横排文字工具添加相关信息，使用添加图层样式按钮为文字添加特殊效果。APP 旅游设计效果如图 5-1 所示。

🔍 **效果所在位置**

　　资源包/Ch05/效果/APP 旅游设计/APP 旅游界面.ai、APP 旅游登录界面.ai、APP 旅游网页广告.psd。

图 5-1

Illustrator 应用

5.1.1 制作 APP 旅游界面

STEP 1 打开 Illustrator 软件，按 Ctrl+N 组合键，新建一个文档，设置文档的宽度为 210mm，高度为 297mm，取向为竖向，颜色模式为 CMYK，单击"确定"按钮。

STEP 2 选择"矩形"工具 ▣，在适当的位置拖曳鼠标绘制一个矩形，设置填充色为蓝色（其 C、M、Y、K 的值分别为 54、1、18、0），填充图形，并设置描边色为无，效果如图 5-2 所示。

APP 旅游设计 1

STEP 3 选择"文件 > 置入"命令，弹出"置入"对话框，选择资源包中的"Ch05 > 素材 > APP

旅游设计 > 02"文件，单击"置入"按钮，将图片置入到页面中。单击属性栏中的"嵌入"按钮，嵌入图片。选择"选择"工具，拖曳图片到适当的位置并调整其大小，效果如图 5-3 所示。

图 5-2   图 5-3

STEP 4 选择"矩形"工具，在适当的位置拖曳光标绘制一个矩形，设置填充色为浅灰色（其C、M、Y、K 的值分别为 0、0、0、10 ），填充图形，并设置描边色为无，效果如图 5-4 所示。

STEP 5 选择"文件 > 置入"命令，弹出"置入"对话框，选择资源包中的"Ch05 > 素材 > APP旅游设计 > 01"文件，单击"置入"按钮，将图片置入到页面中。单击属性栏中的"嵌入"按钮，嵌入图片。选择"选择"工具，拖曳图片到适当的位置并调整其大小，效果如图 5-5 所示。

图 5-4   图 5-5

STEP 6 选择"矩形"工具，在适当的位置拖曳光标绘制一个矩形，设置填充色为蓝黑色（其C、M、Y、K 的值分别为 78、68、57、17），填充图形，并设置描边色为无，效果如图 5-6 所示。在属性栏中将"不透明度"选项设为 70%，效果如图 5-7 所示。

图 5-6   图 5-7

STEP 7 选择"文字"工具 T ，在适当的位置分别输入需要的文字。选择"选择"工具 ，在属性栏中分别选择合适的字体并设置文字大小。将输入的文字同时选取，填充文字为白色，效果如图 5-8 所示。

STEP 8 选择"椭圆"工具 ，按住 Shift 键的同时，在适当的位置绘制一个圆形，填充图形为白色，并设置描边色为无，效果如图 5-9 所示。

图 5-8　　　　　　　　　　　　　　　　　　图 5-9

STEP 9 选择"选择"工具 ，按住 Alt+Shift 组合键的同时，水平向右拖曳圆形到适当的位置，复制图形，效果如图 5-10 所示。按 Ctrl+D 组合键，再复制出一个圆形，填充图形为黑色，效果如图 5-11 所示。

图 5-10　　　　　　　　　　　　　　　　　　图 5-11

STEP 10 选择"椭圆"工具 ，按住 Shift 键的同时，在适当的位置绘制一个圆形，如图 5-12 所示。设置填充色为天蓝色（其 C、M、Y、K 的值分别为 58、8、13、0），填充图形，并设置描边色为无，效果如图 5-13 所示。

图 5-12　　　　　　　　　　　　图 5-13

STEP 11 选择"圆角矩形"工具 ，在页面外单击鼠标左键，弹出"圆角矩形"对话框，选项的设置如图 5-14 所示，单击"确定"按钮，出现一个圆角矩形，效果如图 5-15 所示。

图 5-14　　　　　　　　　　　　图 5-15

STEP 12 选择"钢笔"工具 ，在适当的位置绘制一个不规则闭合图形，如图 5-16 所示。选择"矩形"工具 ，在适当的位置拖曳鼠标绘制一个矩形，如图 5-17 所示。

图 5-16   图 5-17

STEP 13 选择"矩形"工具 ▣，在适当的位置分别绘制矩形，如图 5-18 所示。选择"选择"工具 ▶，使用圈选的方法将所有绘制的图形同时选取。选择"窗口 > 路径查找器"命令，弹出"路径查找器"面板，单击"联集"按钮 ▣，如图 5-19 所示，生成新的对象，效果如图 5-20 所示。

图 5-18   图 5-19   图 5-20

STEP 14 选择"选择"工具 ▶，拖曳图形到页面中适当的位置并调整其大小，填充图形为白色，并设置描边色为无，效果如图 5-21 所示。

STEP 15 选择"文字"工具 T，在适当的位置输入需要的文字。选择"选择"工具 ▶，在属性栏中选择合适的字体并设置文字大小，填充文字为白色，效果如图 5-22 所示。

图 5-21   图 5-22

STEP 16 选择"选择"工具 ▶，按住 Shift 键的同时，单击下方图形将其同时选取，如图 5-23 所示。按住 Alt+Shift 组合键的同时，垂直向下拖曳图形到适当的位置，复制图形，效果如图 5-24 所示。

图 5-23   图 5-24

STEP 17 选择"选择"工具 ▶，选取下方圆形，设置填充色为蓝黑色（其 C、M、Y、K 的值分别为 78、68、57、17），填充图形，效果如图 5-25 所示。选择"文字"工具 T，选取文字"公司简介"，输入需要的文字"联系我们"，效果如图 5-26 所示。

图 5-25   图 5-26

STEP 18 选择"椭圆"工具 ⬭，按住 Shift 键的同时，在适当的位置绘制一个圆形，如图 5-27 所示。按 Ctrl+C 组合键，复制图形，按 Ctrl+F 组合键，将复制的图形粘贴在前面。选择"选择"工具 ▶，按住 Alt+Shift 组合键的同时，拖曳右上角的控制手柄，等比例缩小图形，如图 5-28 所示。

STEP 19 选择"直接选择"工具 ▷，向下拖曳需要的锚点到适当的位置，效果如图 5-29 所示。分别拖曳左右控制线到适当的位置，调整圆形弧度，效果如图 5-30 所示。

图 5-27   图 5-28   图 5-29   图 5-30

STEP 20 选择"选择"工具 ▶，按住 Shift 键的同时，单击小圆将其同时选取，如图 5-31 所示。按 Ctrl+8 组合键，建立复合路径，填充图形为白色，并设置描边色为无，效果如图 5-32 所示。使用相同方法制作其他 APP 图标，效果如图 5-33 所示。

图 5-31   图 5-32   图 5-33

STEP 21 APP 旅游界面制作完成。按 Ctrl+S 组合键，弹出"存储为"对话框，将其命名为"APP 旅游界面"，保存为 AI 格式，单击"保存"按钮，将文件保存。

5.1.2 制作 APP 旅游登录界面

STEP 1 按 Ctrl+O 组合键，打开资源包中的"Ch05 > 效果 > APP 旅游设计 > APP 旅游界面"文件，选择"选择"工具 ，选取不需要的图形和文字，如图 5-34 所示，按 Delete 键将其删除，如图 5-35 所示。选取下方矩形，向下拖曳上边中间的控制手柄到适当的位置，调整其大小。设置图形填充色为淡蓝色（其 C、M、Y、K 的值分别为 35、0、0、0），填充图形，效果如图 5-36 所示。

APP 旅游设计 2

图 5-34   图 5-35   图 5-36

STEP 2 选择"椭圆"工具 ，按住 Shift 键的同时，在适当的位置绘制一个圆形，填充图形为白色，并设置描边色为无，效果如图 5-37 所示。

STEP 3 选择"矩形"工具 ，在适当的位置绘制一个矩形，设置填充色为红色（其 C、M、Y、K 的值分别为 0、90、85、0），填充图形，并设置描边色为无，效果如图 5-38 所示。

STEP 4 选择"选择"工具 ，按 Ctrl+C 组合键，复制图形，按 Ctrl+F 组合键，将复制的图形粘贴在前面。向下拖曳上边中间的控制手柄到适当的位置，调整其大小。设置填充色为深蓝色（其 C、M、Y、K 的值分别为 82、73、62、30），填充图形，效果如图 5-39 所示。

图 5-37   图 5-38   图 5-39

STEP 5 选择"圆角矩形"工具 ，在页面中单击鼠标左键，弹出"圆角矩形"对话框，选项的设置如图 5-40 所示，单击"确定"按钮，出现一个圆角矩形。选择"选择"工具 ，拖曳圆角矩形到适当的位置，效果如图 5-41 所示。

STEP 6 保持图形处于被选取状态。选择"对象 > 变换 > 缩放"命令，在弹出的"比例缩放"对话框中进行设置，如图 5-42 所示，单击"复制"按钮，效果如图 5-43 所示。

图 5-40　　　　　　　　　　　图 5-41

图 5-42　　　　　　　　　　　图 5-43

STEP 7 选择"选择"工具 ，按住 Shift 键的同时，单击原图形将其同时选取，如图 5-44 所示。选择"路径查找器"面板，单击"减去顶层"按钮 ，如图 5-45 所示，生成新的对象，效果如图 5-46 所示。

图 5-44　　　　　　　　　图 5-45　　　　　　　　　图 5-46

STEP 8 保持图形处于被选取状态。设置图形填充色为浅灰色（其 C、M、Y、K 的值分别为 0、0、0、10），填充图形，并设置描边色为无，效果如图 5-47 所示。连续按 Ctrl+ [组合键，向后移动图形到适当的位置，效果如图 5-48 所示。

图 5-47　　　　　　　　　图 5-48

STEP 9 选择"矩形"工具 ▣，在适当的位置拖曳光标绘制一个矩形，填充图形为白色，并设置描边色为无，效果如图 5-49 所示。

STEP 10 选择"选择"工具 ▶，按 Ctrl+C 组合键，复制图形，按 Ctrl+F 组合键，将复制的图形粘贴在前面。向右拖曳左边中间的控制手柄到适当的位置，调整其大小。设置图形填充色为蓝色（其 C、M、Y、K 的值分别为 54、1、18、0），填充图形，并设置描边色为无，效果如图 5-50 所示。

图 5-49　　　　　　　　　　　　　　　图 5-50

STEP 11 选择"椭圆"工具 ⬭，在适当的位置分别绘制椭圆，选择"选择"工具 ▶，将所绘制的椭圆同时选取，填充图形为白色，并设置描边色为无，效果如图 5-51 所示。

STEP 12 选择"直接选择"工具 ▷，选取不需要的锚点，如图 5-52 所示。按 Delete 键将其删除，如图 5-53 所示。

图 5-51　　　　　　　　　　图 5-52　　　　　　　　　　图 5-53

STEP 13 选择"选择"工具 ▶，选取上方圆形，按住 Alt+Shift 组合键的同时，垂直向下拖曳图形到适当的位置，复制图形，效果如图 5-54 所示。按住 Shift 键的同时，单击下方图形将其同时选取，如图 5-55 所示。选择"路径查找器"面板，单击"减去顶层"按钮 ⬚，生成新的对象，效果如图 5-56 所示。

图 5-54　　　　　　　　　　图 5-55　　　　　　　　　　图 5-56

STEP 14 选择"文字"工具 T，在适当的位置输入需要的文字。选择"选择"工具 ，在属性栏中选择合适的字体并设置文字大小，效果如图 5-57 所示。

STEP 15 选择"选择"工具 ，按住 Shift 键的同时，选取需要的图形，按住 Alt+Shift 组合键的同时，垂直向下拖曳图形到适当的位置，复制图形，效果如图 5-58 所示。

图 5-57

图 5-58

STEP 16 选择"椭圆"工具 ，按住 Shift 键的同时，在适当的位置绘制一个圆形，设置图形填充色为深黑色（其 C、M、Y、K 的值分别为 0、0、0、85），填充图形，并设置描边色为无，效果如图 5-59 所示。

STEP 17 选择"选择"工具 ，按住 Alt+Shift 组合键的同时，水平向右拖曳圆形到适当的位置，复制图形，效果如图 5-60 所示。连续按 Ctrl+D 组合键，按需要再复制出多个圆形，效果如图 5-61 所示。

图 5-59

图 5-60

图 5-61

STEP 18 选择"选择"工具 ，按住 Shift 键的同时，选取需要的图形，如图 5-62 所示。按住 Alt 键的同时，向下拖曳图形到适当的位置，复制图形，并调整其大小，效果如图 5-63 所示。

图 5-62

图 5-63

STEP 19 选择"路径查找器"面板，单击"联集"按钮 ，如图 5-64 所示，生成新的对象，效果如图 5-65 所示。

STEP 20 选择"矩形"工具 ，在适当的位置拖曳光标绘制一个矩形，设置填充色为红色（其 C、M、Y、K 的值分别为 0、90、85、0），填充图形，并设置描边色为无，效果如图 5-66 所示。

STEP 21 选择"文字"工具 T，在适当的位置输入需要的文字。选择"选择"工具 ，在属性栏中选择合适的字体并设置文字大小，效果如图 5-67 所示。

图 5-64

图 5-65

图 5-66

图 5-67

STEP 22 APP 旅游登录界面制作完成。按 Ctrl+Shift+S 组合键，弹出"存储为"对话框，将其命名为"APP 旅游登录界面"，保存为 AI 格式，单击"保存"按钮，将文件保存。

Photoshop 应用

5.1.3 制作 APP 旅游网页广告

STEP 1 打开 Photoshop 软件，按 Ctrl + N 组合键，新建一个文件，宽度为 67.7cm，高度为 17.6cm，分辨率为 72 像素/英寸，颜色模式为 RGB，背景内容为白色，单击"确定"按钮。将前景色设为粉色（其 R、G、B 的值分别为 232、182、198），按 Alt+Delete 组合键，用前景色填充"背景"图层，效果如图 5-68 所示。

APP 旅游设计 3

STEP 2 按 Ctrl + O 组合键，打开资源包中的"Ch05 > 素材 > APP 旅游设计 > 01"文件。选择"移动"工具，将图片拖曳到图像窗口中适当的位置，并调整其大小，效果如图 5-69 所示，在"图层"控制面板中生成新图层并将其命名为"图片"。

图 5-68

图 5-69

STEP 3 选择"滤镜 > 模糊 > 高斯模糊"命令，在弹出的对话框中进行设置，如图 5-70 所示，单击"确定"按钮，效果如图 5-71 所示。

图 5-70

图 5-71

STEP 4 选择"图像 > 调整 > 亮度/对比度"命令，在弹出的对话框中进行设置，如图 5-72 所示，单击"确定"按钮，效果如图 5-73 所示。

图 5-72

图 5-73

STEP 5 单击"图层"控制面板下方的"添加图层蒙版"按钮 ，为"图片"图层添加图层蒙版，如图 5-74 所示。选择"渐变"工具 ，单击属性栏中的"点按可编辑渐变"按钮 ，弹出"渐变编辑器"对话框，将渐变色设为从黑色到白色，在图像窗口中从右向左拖曳光标填充渐变色，松开鼠标左键，效果如图 5-75 所示。

图 5-74

图 5-75

STEP 6 将"图片"图层拖曳到"图层"控制面板下方的"创建新图层"按钮 上进行复制，生成新的图层"图片 拷贝"，如图 5-76 所示。按 Ctrl+T 组合键，在图像周围出现变换框，单击鼠标右键，在弹出的菜单中选择"水平翻转"命令，水平翻转图像，拖曳到适当的位置并调整其大小，按 Enter 键确认操作，效果如图 5-77 所示。

STEP 7 单击"图层"控制面板下方的"创建新的填充或调整图层"按钮 ，在弹出的菜单中选择"色彩平衡"命令，在"图层"控制面板中生成"色彩平衡 1"图层，同时在弹出的"色彩平衡"面板中进行设置，如图 5-78 所示，按 Enter 键，效果如图 5-79 所示。

图 5-76

图 5-77

图 5-78

图 5-79

STEP 8 单击"图层"控制面板下方的"创建新的填充或调整图层"按钮 ，在弹出的菜单中选择"曲线"命令，在"图层"控制面板中生成"曲线 1"图层，同时弹出"曲线"面板，在曲线上单击鼠标添加控制点，将"输入"选项设为 208，"输出"选项设为 102，如图 5-80 所示，按 Enter 键，效果如图 5-81 所示。

图 5-80

图 5-81

STEP 9 将前景色设为黑色。选择"画笔"工具 ，在属性栏中单击"画笔"选项右侧的按钮 ，在弹出的面板中选择需要的画笔形状，如图 5-82 所示。在属性栏中将"不透明度"选项设为 60%，在图像窗口中拖曳光标擦除不需要的图像，效果如图 5-83 所示。

STEP 10 单击"图层"控制面板下方的"创建新的填充或调整图层"按钮 ，在弹出的菜单中选择"色阶"命令，在"图层"控制面板中生成"色阶 1"图层，同时在弹出的"色阶"面板中进行设置，如图 5-84 所示，按 Enter 键，效果如图 5-85 所示。

图 5-82　　　　　　　　　　　　　　　　　　图 5-83

图 5-84　　　　　　　　　　　　　　　　　　图 5-85

STEP 11 新建图层并将其命名为 "星星"。将前景色设为深空灰色（其 R、G、B 的值分别为 186、195、210）。选择 "画笔" 工具 ，在属性栏中单击 "切换画笔面板" 按钮 ，弹出 "画笔" 控制面板，选择 "画笔笔尖形状" 选项，切换到相应的面板中进行设置，如图 5-86 所示；选择 "形状动态" 选项，切换到相应的面板中进行设置，如图 5-87 所示；选择 "散布" 选项，切换到相应的面板中进行设置，如图 5-88 所示。在图像窗口中拖曳光标绘制星形，效果如图 5-89 所示。

图 5-86　　　　　　　　图 5-87　　　　　　　　图 5-88

图 5-89

STEP 12 在"图层"控制面板上方，将"星星"图层的混合模式选项设为"滤色"，"不透明度"选项设为 89%，如图 5-90 所示，图像效果如图 5-91 所示。

图 5-90

图 5-91

STEP 13 选择"椭圆选框"工具 ⬭ ，按住 Shift 键的同时，在图像窗口中拖曳光标绘制圆形选区，效果如图 5-92 所示。

图 5-92

STEP 14 将前景色设为白色。选择"编辑 > 描边"命令，弹出"描边"对话框，选项的设置如图 5-93 所示，单击"确定"按钮，按 Ctrl+D 组合键，取消选区，效果如图 5-94 所示。

图 5-93

图 5-94

STEP 15 单击"图层"控制面板下方的"添加图层样式"按钮 *fx.* ，在弹出的菜单中选择"外发光"命令，弹出对话框，将发光颜色设为紫色（其 R、G、B 的值分别为 83、115、255），其他选项的设置如图 5-95 所示，单击"确定"按钮，效果如图 5-96 所示。

图 5-95   图 5-96

STEP 16 打开 Illustrator 软件，按 Ctrl+O 组合键，打开资源包中的"Ch05 > 效果 > APP 旅游设计 > APP 旅游界面"文件，选择"选择"工具 ▶，选取需要的图形和文字，按 Ctrl+C 组合键，复制图形和文字。返回到正在编辑的 Photoshop 页面中，按 Ctrl+V 组合键，弹出"粘贴"对话框，单击"确定"按钮，粘贴图片。拖曳图片到适当的位置并调整其大小，按 Enter 键确认操作，效果如图 5-97 所示，在"图层"控制面板中生成新的智能图层并将其命名为"APP 旅游界面"。

STEP 17 将"APP 旅游界面"图层拖曳到"图层"控制面板下方的"创建新图层"按钮 🔲 上进行复制，生成新的图层"APP 旅游界面 拷贝"。按 Ctrl+T 组合键，在图像周围出现变换框，将光标放在变换框的控制手柄外边，光标变为旋转图标 ↱，拖曳光标将图像旋转到适当的角度，按 Enter 键确认操作，效果如图 5-98 所示。

图 5-97   图 5-98

STEP 18 在"图层"控制面板上方，将"APP 旅游界面 拷贝"图层的"填充"选项设为 45%，如图 5-99 所示，图像效果如图 5-100 所示。

图 5-99   图 5-100

STEP 19 将"APP 旅游界面 拷贝"图层拖曳到"图层"控制面板下方的"创建新图层"按钮 🔲 上进行复制，生成新的图层"APP 旅游界面 拷贝 2"，如图 5-101 所示。按 Ctrl+T 组合键，在图像周围出现变换框，单击鼠标右键，在弹出的菜单中选择"水平翻转"命令，水平翻转图像，并拖曳到适当的位置，按 Enter 键确认操作，效果如图 5–102 所示。

图 5-101

图 5-102

STEP 20 在"图层"控制面板中，按住 Shift 键的同时，将"APP 旅游界面 拷贝"图层和"APP 旅游界面 拷贝 2"图层同时选取，拖曳选中的图层到"APP 旅游界面"图层下方，如图 5–103 所示，图像效果如图 5–104 所示。

图 5-103

图 5-104

STEP 21 将前景色设为白色。选择"横排文字"工具 T，在适当的位置分别输入需要的文字并选取文字，在属性栏中分别选择合适的字体并设置大小，按 Alt+→组合键，分别适当调整文字的间距，效果如图 5–105 所示，在"图层"控制面板中生成新的文字图层。

图 5-105

STEP 22 选取"海南三亚"图层。单击"图层"控制面板下方的"添加图层样式"按钮 fx，在弹出的菜单中选择"投影"命令，在弹出的对话框中进行设置，如图 5–106 所示，单击"确定"按钮，效果如图 5–107 所示。

STEP 23 选择"横排文字"工具 T，在适当的位置输入需要的文字并选取文字，在属性栏中选择合适的字体并设置大小，按 Alt+↑组合键，适当调整文字的行距，效果如图 5–108 所示，在"图层"控制面板中生成新的文字图层。

STEP 24 在"海南三亚"文字图层上单击鼠标右键，在弹出的菜单中选择"拷贝图层样式"命令。在"公司简介...一键拨号"图层上单击鼠标右键，在弹出的菜单中选择"粘贴图层样式"命令，效果如图 5-109 所示。

图 5-106

图 5-107

图 5-108

图 5-109

STEP 25 将前景色设为粉红色（其 R、G、B 的值分别为 233、86、110），选择"圆角矩形"工具 ▣，在属性栏中的"选择工具模式"选项中选择"形状"，将"半径"选项设为 5px，在图像窗口中拖曳光标绘制一个圆角矩形，效果如图 5-110 所示，在"图层"控制面板中生成新的图层"圆角矩形"。

STEP 26 选择"横排文字"工具 T，在适当的位置输入需要的文字并选取文字，在属性栏中选择合适的字体并设置字体大小，按 Alt+→组合键，适当调整文字的间距，效果如图 5-111 所示，在"图层"控制面板中生成新的文字图层。

STEP 27 在"免费开通"图层上单击鼠标右键，在弹出的菜单中选择"粘贴图层样式"命令，效果如图 5-112 所示。

图 5-110

图 5-111

图 5-112

STEP 28 按 Ctrl+S 组合键，弹出"存储为"对话框，将其命名为"APP 旅游网页广告"，保存图像为 PSD 格式，单击"保存"按钮，弹出"Photoshop 格式选项"对话框，单击"确定"按钮，将图像保存。

5.2 课后习题——手机界面设计

习题知识要点

在 Photoshop 中，使用圆角矩形工具、矩形工具、椭圆工具和创建剪切蒙版命令制作相机图标；使用圆角矩形工具、添加图层样式命令和钢笔工具制作手机外形；使用椭圆工具、椭圆选框工具、磁性套索工具和自定义形状工具绘制状态栏；使用画笔描边路径命令和直排文字工具制作解锁状态；使用变换命令和添加图层蒙版命令以及渐变工具制作应用图标；使用椭圆选框工具和从选区减去命令以及直线工具制作广播界面。手机界面效果如图 5-113 所示。

效果所在位置

资源包/Ch05/效果/手机界面设计/手机图标.psd、手机界面.psd、界面展示.psd。

图 5-113

手机界面设计 1   手机界面设计 2

手机界面设计 3   手机界面设计 4

手机界面设计 5   手机界面设计 6

Chapter

6

第 6 章
书籍装帧设计

一本好书是好的内容和好的书籍装帧的完美结合，精美的书籍装帧设计可以带给读者更多的阅读乐趣。本章主要讲解的是书籍的封面设计。封面设计的对象包括书名、色彩、装饰元素，以及作者和出版社名称等内容。本章以儿童成长书籍封面和爱情解说书籍封面为例，讲解封面的设计方法和制作技巧。

课堂学习目标

- 在 Illustrator 软件中添加书籍的相关内容和出版信息

- 在 Photoshop 软件中制作书籍封面立体效果

6.1 儿童成长书籍封面设计

🔍 案例学习目标

　　在 Illustrator 中，学习使用参考线分割页面，使用色板控制面板定义图案，使用文字工具添加相关内容和出版信息。在 Photoshop 中，学习使用变换命令制作立体效果。

🔍 案例知识要点

　　在 Illustrator 中，使用矩形工具、椭圆工具、不透明度选项和色板控制面板制作背景效果，使用绘图工具、填充命令、文字工具添加标题及相关信息，使用矩形工具和创建剪切蒙版命令制作图片剪切蒙版。在 Photoshop 中，使用渐变工具制作背景效果，使用变换命令制作立体图效果。儿童成长书籍封面、立体效果如图 6-1 所示。

🔍 效果所在位置

　　资源包/Ch06/效果/儿童成长书籍封面设计/儿童成长书籍封面.ai、儿童成长书籍封面立体效果.psd。

图 6-1

Illustrator 应用

6.1.1 制作背景效果

STEP🔺1 打开 Illustrator 软件，按 Ctrl+N 组合键，新建一个文档，设置文档的宽度为 358mm，高度为 239mm，取向为横向，颜色模式为 CMYK，单击"确定"按钮。

儿童成长书籍封面计 1

STEP🔺2 按 Ctrl+R 组合键，显示标尺。选择"选择"工具 ▶，在页面中拖曳一条垂直参考线，选择"窗口 > 变换"命令，弹出"变换"面板，将"X"轴选项设为 168mm，如图 6-2 所示，按 Enter 键确认操作，效果如图 6-3 所示。保持参考线处于被选取状态，在"变换"面板中将"X"轴选项设为 190mm，按 Alt+Enter 组合键，确认操作，效果如图 6-4 所示。

STEP🔺3 选择"矩形"工具 ▢，在页面中单击鼠标左键，弹出"矩形"对话框，选项的设置如图 6-5 所示，单击"确定"按钮，出现一个正方形。设置图形填充颜色为蓝色（其 C、M、Y、K 值分别为 29、10、4、0），填充图形，并设置描边色为无，效果如图 6-6 所示。

图 6-2　　　　　　图 6-3　　　　　　　　图 6-4

图 6-5　　　　　　图 6-6

STEP 4 选择"椭圆"工具 ⬭，在适当的位置单击鼠标左键，弹出"椭圆"对话框，选项的设置如图 6-7 所示，单击"确定"按钮，出现一个圆形。选择"选择"工具 ▶，拖曳圆形到适当的位置，填充图形为白色，并设置描边色为无，效果如图 6-8 所示。在属性栏中将"不透明度"选项设为 30%，效果如图 6-9 所示。

图 6-7　　　　　　　图 6-8　　　　　　　图 6-9

STEP 5 选择"选择"工具 ▶，按住 Shift 键的同时，单击矩形将其同时选取，如图 6-10 所示。单击属性栏中的"水平居中对齐"按钮 ⬓ 和"垂直居中对齐"按钮 ⬒，对齐效果如图 6-11 所示。

图 6-10　　　　　　图 6-11

STEP 6 选择"窗口 > 色板"命令，弹出"色板"控制面板，如图 6-12 所示，拖曳选中的图形到"色板"控制面板中，如图 6-13 所示，松开鼠标左键，新建图案色板，效果如图 6-14 所示。

图 6-12　　　　　　　　　　图 6-13　　　　　　　　　　图 6-14

STEP 7 选择"选择"工具 ，按住 Shift 键的同时，依次单击选取矩形与圆形，按 Delete 键，将其删除。选择"矩形"工具 ，绘制一个与页面大小相等的矩形，如图 6-15 所示。单击"色板"控制面板中的"新建图案色板 1"图标，如图 6-16 所示，为矩形填充新建的图案色板，并设置描边色为无，效果如图 6-17 所示。

图 6-15　　　　　　　　　　图 6-16　　　　　　　　　　图 6-17

6.1.2　制作封面效果

STEP 1 选择"钢笔"工具 ，在适当的位置绘制一个不规则闭合图形，填充图形为白色，并设置描边色为无，效果如图 6-18 所示。

STEP 2 选择"效果 > 风格化 > 投影"命令，在弹出的对话框中进行设置，如图 6-19 所示，单击"确定"按钮，效果如图 6-20 所示。

图 6-18　　　　　　　　　　图 6-19　　　　　　　　　　图 6-20

STEP 3 选择"椭圆"工具 ，按住 Shift 键的同时，在适当的位置绘制一个圆形，设置图形填充颜色为黄色（其 C、M、Y、K 值分别为 0、0、100、0），填充图形，并设置描边色为无，效果如图 6-21 所示。

STEP 4 选择"选择"工具 ，按 Ctrl+C 组合键，复制图形，按 Ctrl+F 组合键，将复制的图形粘贴在前面。按住 Alt+Shift 组合键的同时，拖曳右上角的控制手柄，等比例缩小图形，并调整其位置，设置图形填充颜色为浅黄色（其 C、M、Y、K 值分别为 0、10、100、0），填充图形，效果如图 6-22 所示。

图 6-21　　　　　　　　　　图 6-22

STEP⬇5 选择"文字"工具 T，在适当的位置分别输入需要的文字。选择"选择"工具，在属性栏中选择合适的字体并设置文字大小，效果如图 6-23 所示。

STEP⬇6 选取文字"宝"，设置文字为洋红色（其 C、M、Y、K 的值分别为 0、100、0、0），填充文字，并填充文字描边为白色，效果如图 6-24 所示。

图 6-23　　　　　　　　　　图 6-24

STEP⬇7 双击"旋转"工具，弹出"旋转"对话框，选项的设置如图 6-25 所示，单击"确定"按钮，文字被旋转，效果如图 6-26 所示。使用相同方法制作其他文字，效果如图 6-27 所示。

图 6-25　　　　　　　　　图 6-26　　　　　　　　　图 6-27

STEP⬇8 选择"文字"工具 T，在适当的位置分别输入需要的文字。选择"选择"工具，在属性栏中分别选择合适的字体并设置文字大小，效果如图 6-28 所示。选取文字"美食"，按 Alt+←组合键，调整文字间距，效果如图 6-29 所示。

STEP⬇9 保持文字处于被选取状态。设置文字颜色为浅棕色（其 C、M、Y、K 的值分别为 50、70、80、70），填充文字；并填充文字描边为白色，在属性栏中将"描边粗细"选项设置为 2 pt，按 Enter

键，效果如图 6-30 所示。

图 6-28　　　　　　　　　　图 6-29　　　　　　　　　　图 6-30

STEP 10 选择"椭圆"工具 ，按住 Shift 键的同时，在适当的位置绘制一个圆形，填充图形为白色，并设置描边色为无，效果如图 6-31 所示。连续按 Ctrl+ [组合键，向后移动图形到适当的位置，效果如图 6-32 所示。

STEP 11 选择"选择"工具 ，按住 Alt 键的同时，向右拖曳图形到适当的位置，复制图形。按住 Alt+Shift 组合键的同时，拖曳右上角的控制手柄，等比例缩小图形，如图 6-33 所示。

图 6-31　　　　　　　　　　图 6-32　　　　　　　　　　图 6-33

STEP 12 选择"钢笔"工具 ，在页面中分别绘制不规则图形，如图 6-34 所示。选择"选择"工具 ，按住 Shift 键的同时，将所绘制的图形同时选取，设置图形填充颜色为浅棕色（其 C、M、Y、K 值分别为 50、70、80、70），填充图形，效果如图 6-35 所示。

图 6-34　　　　　　　　　　图 6-35

STEP 13 选择"文字"工具 ，在适当的位置输入需要的文字。选择"选择"工具 ，在属性栏中选择合适的字体并设置文字大小，效果如图 6-36 所示。选择"直线段"工具 ，在适当的位置拖曳光标分别绘制两条斜线，效果如图 6-37 所示。

图 6-36   图 6-37

STEP 14 选择"文字"工具 T ，在适当的位置输入需要的文字。选择"选择"工具 ，在属性栏中选择合适的字体并设置文字大小，按 Alt+↑组合键，调整文字行距，效果如图 6-38 所示。选择"文字"工具 T ，选取文字"0-6"，在属性栏中选择合适的字体并设置文字大小，效果如图 6-39 所示。

图 6-38   图 6-39

STEP 15 选取文字"定制的食谱"，在属性栏中设置适当的文字大小，效果如图 6-40 所示。选择"效果 > 变形 > 弧形"命令，在弹出的"变形选项"对话框中进行设置，如图 6-41 所示，单击"确定"按钮，文字的变形效果如图 6-42 所示。

图 6-40   图 6-41   图 6-42

STEP 16 选择"选择"工具 ，按 Shift+Ctrl+O 组合键，将文字转化为轮廓路径，效果如图 6-43 所示。选择"对象 > 扩展外观"命令，扩展文字外观，效果如图 6-44 所示。

图 6-43   图 6-44

STEP 17 保持文字处于被选取状态。填充文字为白色，效果如图 6-45 所示。选择"对象 > 路径 > 偏移路径"命令，在弹出的"偏移路径"对话框中进行设置，如图 6-46 所示，单击"确定"按钮，效果如图 6-47 所示。设置文字图形为红色（其 C、M、Y、K 的值分别为 15、100、90、10），填充文字轮廓，效果如图 6-48 所示。

图 6-45　　　　　　　　　　　　　图 6-46

图 6-47　　　　　　　　　　　　　图 6-48

STEP 18 选择"选择"工具 ，拖曳轮廓文字到页面中适当的位置，并
将其旋转到适当的角度，效果如图 6-49 所示。选择"椭圆"工具 ，按住 Shift
键的同时，在适当的位置绘制一个圆形，填充图形为白色，并设置描边色为无，效
果如图 6-50 所示。

儿童成长书籍封面设计 2

图 6-49　　　　　　　　　　　　　图 6-50

STEP 19 选择"效果 > 风格化 > 投影"命令，在弹出的对话框中进行设置，如图 6-51 所示，
单击"确定"按钮，效果如图 6-52 所示。

图 6-51　　　　　　　　　　　　　图 6-52

STEP 20 选择"钢笔"工具 ，在页面中分别绘制曲线，如图 6-53 所示。选择"选择"工具
，按住 Shift 键的同时，将所绘制的曲线同时选取，填充描边为白色，在属性栏中将"描边粗细"选项
设置为 1.5pt，按 Enter 键，效果如图 6-54 所示。

图 6-53　　　　　　　　　　图 6-54

STEP 21 选择"文件 > 置入"命令，弹出"置入"对话框，选择资源包中的"Ch06 > 素材 > 儿童成长书籍封面设计 > 01"文件，单击"置入"按钮，将图片置入到页面中。单击属性栏中的"嵌入"按钮，嵌入图片。选择"选择"工具 ，拖曳图片到适当的位置并调整其大小，效果如图 6-55 所示。选择"矩形"工具 ，按住 Shift 键的同时，在适当的位置拖曳光标绘制一个正方形，如图 6-56 所示。

图 6-55　　　　　　　　　　图 6-56

STEP 22 选择"选择"工具 ，按住 Shift 键的同时，单击下方图片将其同时选取，如图 6-57 所示。按 Ctrl+7 组合键，建立剪切蒙版，效果如图 6-58 所示。

图 6-57　　　　　　　　　　图 6-58

STEP 23 填充描边为白色，选择"窗口 > 描边"命令，弹出"描边"控制面板，选项的设置如图 6-59 所示，描边效果如图 6-60 所示。

图 6-59　　　　　　　　　　图 6-60

STEP 24 选择"选择"工具 ，拖曳右上角的旋转图标将其旋转到适当的角度，效果如图 6-61 所示。使用相同方法置入其他图片并制作如图 6-62 所示的效果。

图 6-61　　　　　　　　　　　　　　　　图 6-62

STEP 25 选择"选择"工具 ，按住 Shift 键的同时，依次单击选取需要的图片，如图 6-63 所示。连续按 Ctrl+ [组合键，向后移动图形到适当的位置，效果如图 6-64 所示。

图 6-63　　　　　　　　　　　　　　　　图 6-64

STEP 26 选择"文件 > 置入"命令，弹出"置入"对话框，选择资源包中的"Ch06 > 素材 > 儿童成长书籍封面设计 > 04"文件，单击"置入"按钮，将图片置入到页面中。单击属性栏中的"嵌入"按钮，嵌入图片。选择"选择"工具 ，拖曳图片到适当的位置并调整其大小，效果如图 6-65 所示。

STEP 27 选择"文字"工具 T ，在适当的位置分别输入需要的文字。选择"选择"工具 ，在属性栏中分别选择合适的字体并设置文字大小，效果如图 6-66 所示。选取文字"新架构出版社"，按 Alt+→组合键，调整文字间距，效果如图 6-67 所示。

图 6-65　　　　　　　图 6-66　　　　　　　　图 6-67

6.1.3　制作封底和书脊效果

STEP 1 选择"钢笔"工具 ，在页面中绘制一条曲线，填充曲线描边为白色，在属性栏中将"描边粗细"选项设置为 1.5pt，按 Enter 键，效果如图 6-68 所示。

STEP 2 选择"选择"工具 ，按住 Shift 键的同时，选取封面中需要的图片，如图 6-69 所示。按住 Alt 键的同时，用鼠标向左拖曳图形到封底上，复制图片，分别调整其位置和大小，效果如图 6-70 所示。

图 6-68   图 6-69   图 6-70

STEP 3 使用相同的方法复制封面中其余需要的文字和图形，调整其位置和大小，效果如图 6-71 所示。选择"文件 > 置入"命令，弹出"置入"对话框，选择资源包中的"Ch06 > 素材 > 儿童成长书籍封面设计 > 05"文件，单击"置入"按钮，将图片置入到页面中。单击属性栏中的"嵌入"按钮，嵌入图片。选择"选择"工具 ，拖曳图片到适当的位置并调整其大小，效果如图 6-72 所示。

STEP 4 选择"文字"工具 ，在适当的位置输入需要的文字。选择"选择"工具 ，在属性栏中选择合适的字体并设置文字大小，效果如图 6-73 所示。

图 6-71   图 6-72   图 6-73

STEP 5 选择"圆角矩形"工具 ，在页面中单击鼠标左键，弹出"圆角矩形"对话框，选项的设置如图 6-74 所示，单击"确定"按钮，出现一个圆角矩形。选择"选择"工具 ，拖曳圆角矩形到适当的位置，效果如图 6-75 所示。设置图形填充颜色为浅黄色（其 C、M、Y、K 值分别为 0、10、100、0），填充图形，效果如图 6-76 所示。

图 6-74   图 6-75   图 6-76

STEP 6 选择"直排文字"工具 ，在适当的位置输入需要的文字。选择"选择"工具 ，在属性栏中选择合适的字体并设置文字大小，填充文字为白色，效果如图 6-77 所示。

STEP 7 选择"选择"工具 ，选取封面中需要的图片，如图 6-78 所示。按住 Alt 键的同时，用鼠标向左拖曳图形到书脊上适当的位置，复制图片，效果如图 6-79 所示。

图 6-77   图 6-78   图 6-79

STEP 8 选择"直排文字"工具 ，在适当的位置分别输入需要的文字。选择"选择"工具 ，在属性栏中分别选择合适的字体并设置文字大小，效果如图 6-80 所示。选取文字"新架构出版社"，按 Alt+→组合键，调整文字间距，效果如图 6-81 所示。儿童成长书籍封面制作完成，效果如图 6-82 所示。

图 6-80   图 6-81   图 6-82

STEP 9 按 Ctrl+S 组合键，弹出"存储为"对话框，将其命名为"儿童成长书籍封面"，保存为 AI 格式，单击"保存"按钮，将文件保存。

Photoshop 应用

6.1.4　制作封面立体效果

STEP 1 打开 Photoshop 软件，按 Ctrl+N 组合键，新建一个文件，宽度为 29.9cm，高度为 40cm，分辨率为 300 像素/英寸，颜色模式为 RGB，背景内容为白色，单击"确定"按钮。

儿童成长书籍封面设计 3

STEP 2 选择"渐变"工具 ，单击属性栏中的"点按可编辑渐变"按钮 ，弹出"渐变编辑器"对话框，将渐变颜色设为从黑色到灰色（其 R、G、B 的值分别为 156、156、156），如图 6-83 所示，单击"确定"按钮。按住 Shift 键的同时，在图像窗口中由上至下拖曳光标填充渐变色，效果如图 6-84 所示。

STEP 3 按 Ctrl+O 组合键，打开资源包中的"Ch06 > 素材 > 儿童成长书籍封面设计 > 06"文件。选择"移动"工具 ，将图片拖曳到图像窗口中适当的位置，效果如图 6-85 所示，在"图层"控制面板中生成新图层并将其命名为"模型"。新建图层并将其命名为"阴影"。选择"多边形套索"工具 ，在图像窗口中绘制选区，如图 6-86 所示。

图 6-83   图 6-84   图 6-85   图 6-86

STEP 4 将前景色设为黑色。选择"画笔"工具 ，在属性栏中单击"画笔"选项右侧的按钮 ，在弹出的画笔面板中选择需要的画笔形状，如图 6-87 所示。在图像窗口中拖曳光标绘制图像，效果如图 6-88 所示。按 Ctrl+D 组合键，取消选区。

图 6-87   图 6-88

STEP 5 在"图层"控制面板中，将"阴影"图层拖曳到"模型"图层的下方，如图 6-89 所示，图像效果如图 6-90 所示。

图 6-89   图 6-90

STEP 6 按 Ctrl+O 组合键，打开资源包中的"Ch06 > 效果 > 儿童成长书籍封面设计 > 儿童成长书籍封面"文件。选择"视图 > 新建参考线"命令，弹出"新建参考线"对话框，选项的设置如图

6-91 所示，单击"确定"按钮，效果如图 6-92 所示。用相同的方法在 24.2cm 处新建水平参考线，效果如图 6-93 所示。

图 6-91   图 6-92   图 6-93

STEP 7 选择"视图 > 新建参考线"命令，弹出"新建参考线"对话框，选项的设置如图 6-94 所示，单击"确定"按钮，效果如图 6-95 所示。用相同的方法在 17.1cm、19.3cm、36.1cm 处分别新建垂直参考线，效果如图 6-96 所示。

图 6-94   图 6-95   图 6-96

STEP 8 选择"矩形选框"工具，在图像窗口中绘制出需要的选区，如图 6-97 所示。选择"移动"工具，将选区中的图像拖曳到新建的图像窗口中，如图 6-98 所示。在"图层"控制面板中生成新的图层并将其命名为"封面"。

图 6-97   图 6-98

STEP 9 按 Ctrl+T 组合键，图像周围出现变换框，按住 Ctrl 键的同时，拖曳右下角的控制手柄到适当的位置，如图 6-99 所示。使用相同分别拖曳其他控制手柄到适当的位置，按 Enter 键确认操作，效果如图 6-100 所示。

图 6-99   图 6-100

STEP 10 选择"矩形选框"工具 □，在图像窗口中绘制出需要的选区，如图 6-101 所示。选择"移动"工具 ▶＋，将选区中的图像拖曳到新建的图像窗口中，如图 6-102 所示。在"图层"控制面板中生成新的图层并将其命名为"书脊"。

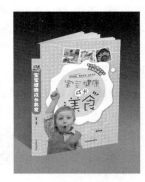

图 6-101   图 6-102

STEP 11 按 Ctrl+T 组合键，图像周围出现变换框，按住 Ctrl 键的同时，拖曳左下角的控制手柄到适当的位置，如图 6-103 所示。使用相同分别拖曳其他控制手柄到适当的位置，按 Enter 键确认操作，效果如图 6-104 所示。

STEP 12 儿童成长书籍封面立体效果制作完成。按 Ctrl+S 组合键，弹出"存储为"对话框，将其命名为"儿童成长书籍封面立体效果"，保存图像为 PSD 格式，单击"保存"按钮，弹出"Photoshop 格式选项"对话框，单击"确定"按钮，将图像保存。

图 6-103   图 6-104

6.2　爱情解说书籍封面设计

🔍 **案例学习目标**

在 Illustrator 中，学习使用参考线分割页面，使用绘图工具、文字工具添加相关内容和出版信息。在 Photoshop 中，学习使用多种滤镜命令为图片添加滤镜效果，使用多种调整命令调整图片颜色，使用变换命令制作立体效果。

🔍 **案例知识要点**

在 Illustrator 中，使用直线段工具、混合工具制作装饰线条，使用钢笔工具、建立复合路径命令和渐变工具制作人物剪影，使用椭圆工具、直接选择工具和连接路径命令制作半圆形，使用文字工具和填充工具添加标题及相关信息，使用插入字形命令插入需要的字形，使用矩形工具和创建剪切蒙版命令制作图片剪切蒙版。在 Photoshop 中，使用晶格化滤镜命令为图片添加晶格化效果，使用高斯模糊命令为图片添加模糊效果，使用曲线命令、亮度/对比度命令调整图片颜色，使用图层面板、画笔工具和渐变工具制作图片渐隐效果，使用变换命令制作立体图效果，使用横排文字工具添加标题文字。爱情解说书籍封面、海报效果如图 6-105 所示。

🔍 **效果所在位置**

资源包/Ch06/效果/爱情解说书籍封面设计/爱情解说书籍封面.ai、爱情解说书籍封面海报.psd。

图 6-105

Illustrator 应用

6.2.1　制作封面效果

STEP↗1 打开 Illustrator 软件，按 Ctrl+N 组合键，新建一个文档，设置文档的宽度为 358mm，高度为 239mm，取向为横向，颜色模式为 CMYK，单击"确定"按钮。

STEP↗2 按 Ctrl+R 组合键，显示标尺。选择"选择"工具 �, 在页面中拖曳一条垂直参考线，选择"窗口 > 变换"命令，弹出"变换"面板，将"X"轴选项设为 169mm，如图 6-106 所示，按 Enter 键确认操作，效果如图 6-107 所示。保持参考线处于被选取状态，在"变换"面板中将"X"轴选项设为 189mm，按 Alt+Enter 组合键，确认操作，效果如图 6-108 所示。

爱情解说书籍封面设计 1

图 6-106

图 6-107

图 6-108

STEP 3 选择"矩形"工具 ▣，在适当的位置拖曳光标绘制一个矩形，设置填充颜色为黄色（其 C、M、Y、K 的值分别为 0、0、100、0），填充图形，并设置描边色为无，效果如图 6-109 所示。

STEP 4 选择"直线段"工具 ∕，按 Shift 键的同时，在适当的位置绘制一条竖线，设置描边色为红色（其 C、M、Y、K 的值分别为 0、100、100、0），填充描边，在属性栏中将"描边粗细"选项设为 0.5pt，按 Enter 键，效果如图 6-110 所示。

图 6-109

图 6-110

STEP 5 选择"直线段"工具 ∕，在适当的位置绘制一条斜线，设置描边色为红色（其 C、M、Y、K 的值分别为 0、100、100、0），填充描边，在属性栏中将"描边粗细"选项设为 0.5pt，按 Enter 键，效果如图 6-111 所示。

STEP 6 选择"选择"工具 ▶，按住 Alt+Shift 组合键的同时，垂直向上拖曳斜线到适当的位置，复制斜线。设置描边色为灰色（其 C、M、Y、K 的值分别为 0、0、0、20），填充描边，效果如图 6-112 所示。

STEP 7 选择"选择"工具 ▶，按住 Alt+Shift 组合键的同时，垂直向上拖曳斜线到适当的位置，再复制一条斜线，如图 6-113 所示。将两条斜线同时选取，双击"混合"工具 ▧，在弹出的对话框中进行设置，如图 6-114 所示，单击"确定"按钮，在两条斜线上单击生成混合，如图 6-115 所示。

图 6-111

图 6-112

图 6-113   图 6-114   图 6-115

STEP 8 使用上述相同方法绘制其他斜线，效果如图 6-116 所示。选择"钢笔"工具，在页面中分别绘制不规则图形，如图 6-117 所示。选择"选择"工具，按住 Shift 键的同时，将所绘制的图形同时选取，按 Ctrl+8 组合键，建立复合路径，效果如图 6-118 所示。

图 6-116   图 6-117   图 6-118

STEP 9 双击"渐变"工具，弹出"渐变"控制面板，在色带上设置 4 个渐变滑块，分别将渐变滑块的位置设为 0、33、55、100，并设置 C、M、Y、K 的值分别为 0（0、0、0、0）、33（0、76、100、0）、55（100、0、0、0）、100（0、100、0、0），其他选项的设置如图 6-119 所示，图形被填充渐变色，并设置描边色为无，效果如图 6-120 所示。

STEP 10 选择"矩形"工具，在适当的位置绘制一个矩形，如图 6-121 所示。选择"选择"工具，按住 Shift 键的同时，单击下方渐变图形将其同时选取，如图 6-122 所示。按 Ctrl+7 组合键，建立剪切蒙版，效果如图 6-123 所示。

图 6-119   图 6-120

图 6-121　　　　　　　图 6-122　　　　　　　图 6-123

STEP 11 选择"文字"工具 T，在适当的位置输入需要的文字。选择"选择"工具，在属性栏中选择合适的字体并设置文字大小，按 Alt+↑组合键，调整文字行距，效果如图 6-124 所示。设置文字为红色（其 C、M、Y、K 的值分别为 0、100、100、0），填充文字，效果如图 6-125 所示。

图 6-124　　　　　　　图 6-125

STEP 12 选择"椭圆"工具，按住 Shift 键的同时，在适当的位置绘制一个圆形，填充图形为白色并设置描边色为红色（其 C、M、Y、K 的值分别为 0、100、100、0），填充描边，在属性栏中将"描边粗细"选项设为 1pt，按 Enter 键，效果如图 6-126 所示。

STEP 13 选择"文字"工具 T，在适当的位置输入需要的文字。选择"选择"工具，在属性栏中选择合适的字体并设置文字大小，按 Alt+↑组合键，调整文字行距。设置文字为灰色（其 C、M、Y、K 的值分别为 0、0、0、20），填充文字，效果如图 6-127 所示。

图 6-126　　　　　　　图 6-127

STEP 14 选择"选择"工具，选取圆形，按住 Alt+Shift 组合键的同时，垂直向下拖曳圆形到适当的位置，复制圆形，效果如图 6-128 所示。

STEP 15 选择"直接选择"工具 ，选取不需要的锚点，如图 6-129 所示。按 Delete 键将其删除，如图 6-130 所示。

图 6-128

图 6-129

图 6-130

STEP 16 选择"直接选择"工具 ，按住 Shift 键的同时，依次单击选取需要的锚点，如图 6-131 所示，按 Ctrl+J 组合键，连接路径，效果如图 6-132 所示。

STEP 17 选择"直排文字"工具 ，在适当的位置输入需要的文字。选择"选择"工具 ，在属性栏中选择合适的字体并设置文字大小，设置文字为灰色（其 C、M、Y、K 的值分别为 0、0、0、20），填充文字，效果如图 6-133 所示。

图 6-131

图 6-132

图 6-133

STEP 18 选择"文字"工具 ，在适当的位置输入需要的文字。选择"选择"工具 ，在属性栏中选择合适的字体并设置文字大小，按 Alt+↑组合键，调整文字行距，效果如图 6-134 所示。设置文字为红色（其 C、M、Y、K 的值分别为 0、100、100、0），填充文字，效果如图 6-135 所示。

爱情解说书籍封面设计 2

图 6-134

图 6-135

STEP 19 选择"文字"工具 T，单击属性栏中的"右对齐"按钮，在适当的位置分别输入需要的文字。选择"选择"工具，在属性栏中选择合适的字体并设置文字大小，效果如图 6-136 所示。选择"文字"工具 T，在适当的位置单击插入光标，如图 6-137 所示。

Love Commentary

[美]丹尼尔罗谱
张罗美

图 6-136

Love Commentary

[美]丹尼尔 罗谱
张罗美

图 6-137

STEP 20 选择"文字 > 字形"命令，在弹出的"字形"面板中按需要进行设置并选择需要的字形，如图 6-138 所示，双击鼠标左键插入字形，效果如图 6-139 所示。

图 6-138

Love Commentary

[美]丹尼尔·罗谱
张罗美

图 6-139

STEP 21 选择"椭圆"工具，按住 Shift 键的同时，在适当的位置绘制一个圆形，填充图形为黑色，并设置描边色为无，效果如图 6-140 所示。

STEP 22 选择"文字"工具 T，单击属性栏中的"左对齐"按钮，在适当的位置输入需要的文字。选择"选择"工具，在属性栏中选择合适的字体并设置文字大小，填充文字为白色，效果如图 6-141 所示。

[美]丹尼尔·罗谱
张罗美

图 6-140

[美]丹尼尔·罗谱著
张罗美

图 6-141

STEP 23 选择"选择"工具，按住 Shift 键的同时，单击下方圆形并将其同时选取，如图 6-142 所示。按住 Alt+Shift 组合键的同时，垂直向下拖曳图形到适当的位置，复制图形，效果如图 6-143 所示。

[美]丹尼尔·罗谱著
张罗美

图 6-142

[美]丹尼尔·罗谱著
张罗美著

图 6-143

STEP 24 选择"文字"工具 T，在适当的位置输入需要的文字。选择"选择"工具，在属性栏中选择合适的字体并设置文字大小，效果如图 6-144 所示。按 Alt+→组合键，调整文字间距，效果如图 6-145 所示。

图 6-144

图 6-145

6.2.2 制作封底和书脊效果

STEP 1 选择"矩形"工具，在适当的位置拖曳光标绘制一个矩形，设置填充颜色为黄色（其 C、M、Y、K 的值分别为 0、0、100、0），填充图形，并设置描边色为无，效果如图 6-146 所示。

STEP 2 选择"椭圆"工具，按住 Shift 键的同时，在适当的位置绘制一个圆形，设置描边色为灰色（其 C、M、Y、K 的值分别为 0、0、0、20），填充描边，在属性栏中将"描边粗细"选项设为 1.5pt，按 Enter 键，效果如图 6-147 所示。

图 6-146

图 6-147

STEP 3 选择"选择"工具，选取封面中需要的文字，如图 6-148 所示。按住 Alt 键的同时，用鼠标向左拖曳文字到封底上适当的位置，复制文字，并调整其大小，效果如图 6-149 所示。

STEP 4 选择"选择"工具，按住 Shift 键的同时，选取封面中需要的图形和文字，按住 Alt 键的同时，用鼠标向左拖曳文字到封底上适当的位置并调整其大小，复制文字，效果如图 6-150 所示。使用相同的方法复制封面中其余需要的文字和图形，调整其位置和大小，效果如图 6-151 所示。

图 6-148

图 6-149

<table>
<tr><td>图 6-150</td><td>图 6-151</td></tr>
</table>

STEP 5 选择"文件 > 置入"命令，弹出"置入"对话框，选择资源包中的"Ch06 > 素材 > 爱情解说书籍封面设计 > 01"文件，单击"置入"按钮，将图片置入到页面中。单击属性栏中的"嵌入"按钮，嵌入图片。选择"选择"工具 ▶，拖曳图片到适当的位置并调整其大小，效果如图 6-152 所示。

STEP 6 选择"文字"工具 T，在适当的位置输入需要的文字。选择"选择"工具 ▶，在属性栏中选择合适的字体并设置文字大小，效果如图 6-153 所示。

图 6-152   图 6-153

STEP 7 选择"选择"工具 ▶，选取封底中需要的图形，如图 6-154 所示。按住 Alt 键的同时，用鼠标向左拖曳图形到书脊上适当的位置，复制图形，并调整其大小，效果如图 6-155 所示。

STEP 8 选择"直排文字"工具 T，在适当的位置输入需要的文字。选择"选择"工具 ▶，在属性栏中选择合适的字体并设置文字大小，效果如图 6-156 所示。设置文字为红色（其 C、M、Y、K 的值分别为 0、100、100、0），填充文字，效果如图 6-157 所示。

图 6-154   图 6-155   图 6-156   图 6-157

STEP 9 选择"直线段"工具 ╱，按住 Shift 键的同时，在适当的位置绘制一条直线，设置描边色为红色（其 C、M、Y、K 的值分别为 0、100、100、0），填充描边，在属性栏中将"描边粗细"选项设为 1pt，按 Enter 键，效果如图 6-158 所示。

STEP 10 选择"选择"工具 ，选取封面中需要的文字，如图 6-159 所示。按住 Alt 键的同时，用鼠标向左拖曳文字到书脊上适当的位置，复制文字，效果如图 6-160 所示。选择"文字 > 文字方向 > 垂直"命令，将文字更改为垂直方向，效果如图 6-161 所示。

图 6-158

图 6-159

图 6-160

图 6-161

STEP 11 使用相同的方法复制封面中其余需要的文字和图形，调整其位置和大小，效果如图 6-162 所示。爱情解说书籍封面制作完成，效果如图 6-163 所示。按 Ctrl+S 组合键，弹出"存储为"对话框，将其命名为"爱情解说书籍封面"，保存为 AI 格式，单击"保存"按钮，将文件保存。

图 6-162

图 6-163

Photoshop 应用

6.2.3 制作封面海报

STEP 1 打开 Photoshop 软件，按 Ctrl＋N 组合键，新建一个文件，宽度为 10cm，高度为 6cm，分辨率为 300 像素/英寸，颜色模式为 RGB，背景内容为白色，单击"确定"按钮。

爱情解说书籍封面设计 3

STEP 2 按 Ctrl＋O 组合键，打开资源包中的"Ch06 > 素材 > 爱情解说书籍封面设计 > 02"文件。选择"移动"工具 ，将图片拖曳到图像窗口中适当的位置，效果如图 6-164 所示，在"图层"控制面板中生成新图层并将其命名为"图片"。

STEP 3 选择"滤镜 > 模糊 > 高斯模糊"命令，在弹出的对话框中进行设置，如图 6-165 所示，单击"确定"按钮，效果如图 6-166 所示。

图 6-164　　　　　　　　　　　图 6-165　　　　　　　　　　　图 6-166

STEP 4 选择"滤镜 > 像素化 > 晶格化"命令，在弹出的对话框中进行设置，如图 6-167 所示，单击"确定"按钮，效果如图 6-168 所示。

图 6-167　　　　　　　　　　　　　　　图 6-168

STEP 5 单击"图层"控制面板下方的"创建新的填充或调整图层"按钮，在弹出的菜单中选择"曲线"命令，在"图层"控制面板中生成"曲线 1"图层，同时弹出"曲线"面板，在曲线上单击鼠标添加一个控制点，将"输入"选项设为 79，"输出"选项设为 77；再次添加一个控制点，将"输入"选项设为 213，"输出"选项设为 248，如图 6-169 所示，按 Enter 键，效果如图 6-170 所示。

图 6-169　　　　　　　　　　　　图 6-170

STEP 6 单击"图层"控制面板下方的"创建新的填充或调整图层"按钮，在弹出的菜单中选择"亮度/对比度"命令，在"图层"控制面板中生成"亮度/对比度 1"图层，同时在弹出的"亮度/对比度"面板中进行设置，如图 6-171 所示，按 Enter 键，效果如图 6-172 所示。

图 6-171　　　　　　　　　　　　　　　图 6-172

STEP 7 按 Ctrl + O 组合键，打开资源包中的"Ch06 > 素材 > 爱情解说书籍封面设计 > 03"文件。选择"移动"工具 ，将图片拖曳到图像窗口中适当的位置，效果如图 6-173 所示，在"图层"控制面板中生成新图层并将其命名为"图片 1"。单击"图层"控制面板下方的"添加图层蒙版"按钮 ，为"图片"图层添加图层蒙版，如图 6-174 所示。

图 6-173　　　　　　　　　　　　　　　图 6-174

STEP 8 将前景色设为黑色。选择"画笔"工具 ，在属性栏中单击"画笔"选项右侧的按钮 ，在弹出的面板中选择需要的画笔形状，如图 6-175 所示，在属性栏中将"不透明度"选项设为 80%，在图像窗口中拖曳光标擦除不需要的图像，效果如图 6-176 所示。

图 6-175　　　　　　　　　　　　　　　图 6-176

STEP 9 在"图层"控制面板上方，将"图片 1"图层的混合模式选项设为"柔光"，如图 6-177 所示，图像效果如图 6-178 所示。

STEP 10 按 Ctrl + O 组合键，打开资源包中的"Ch06 > 素材 > 爱情解说书籍封面设计 > 04"

文件。选择"移动"工具 ，将图片拖曳到图像窗口中适当的位置，效果如图 6-179 所示，在"图层"控制面板中生成新图层并将其命名为"自行车"。

图 6-177　　　　　　　　　图 6-178　　　　　　　　　图 6-179

STEP 11 单击"图层"控制面板下方的"添加图层样式"按钮 **fx.**，在弹出的菜单中选择"颜色叠加"命令，弹出对话框，将叠加颜色设为红色（其 R、G、B 的值分别为 119、7、0），其他选项的设置如图 6-180 所示，单击"确定"按钮，效果如图 6-181 所示。

图 6-180　　　　　　　　　　　　　　　图 6-181

STEP 12 单击"图层"控制面板下方的"添加图层样式"按钮 **fx.**，在弹出的菜单中选择"投影"命令，弹出对话框，将阴影颜色设为深红色（其 R、G、B 的值分别为 150、1、0），其他选项的设置如图 6-182 所示，单击"确定"按钮，效果如图 6-183 所示。

图 6-182　　　　　　　　　　　　　　　图 6-183

STEP 13 按 Ctrl+O 组合键，打开资源包中的"Ch06 > 素材 > 爱情解说书籍封面设计 > 05、06"文件。选择"移动"工具 ➤+，将图片分别拖曳到图像窗口中适当的位置，效果如图 6-184 所示，在"图层"控制面板中分别生成新图层并将其命名为"花瓣""情人"，如图 6-185 所示。

图 6-184   图 6-185

STEP 14 按 Ctrl+O 组合键，打开资源包中的"Ch06 > 效果 > 爱情解说书籍封面设计 > 爱情解说书籍封面"文件。选择"视图 > 新建参考线"命令，弹出"新建参考线"对话框，选项的设置如图 6-186 所示，单击"确定"按钮，效果如图 6-187 所示。用相同的方法在 24.2cm 处新建水平参考线，效果如图 6-188 所示。

图 6-186   图 6-187   图 6-188

STEP 15 选择"视图 > 新建参考线"命令，弹出"新建参考线"对话框，选项的设置如图 6-189 所示，单击"确定"按钮，效果如图 6-190 所示。用相同的方法在 17.2cm、19.2cm、36.1cm 处分别新建垂直参考线，效果如图 6-191 所示。

图 6-189   图 6-190   图 6-191

STEP 16 选择"矩形选框"工具 ▣，在图像窗口中绘制出需要的选区，如图 6-192 所示。选择"移动"工具 ➤+，将选区中的图像拖曳到新建的图像窗口中，如图 6-193 所示。在"图层"控制面板中生成新的图层并将其命名为"封面"。

STEP 17 按 Ctrl+T 组合键，图像周围出现变换框，按住 Ctrl 键的同时，拖曳右下角的控制手柄到适当的位置，如图 6-194 所示。使用相同方法分别拖曳其他控制手柄到适当的位置，按 Enter 键确认操作，效果如图 6-195 所示。

图 6-192

图 6-193

图 6-194

图 6-195

STEP 18 选择 "矩形选框" 工具 ⬚，在图像窗口中绘制出需要的选区，如图 6-196 所示。选择 "移动" 工具 ⊹，将选区中的图像拖曳到新建的图像窗口中，如图 6-197 所示。在 "图层" 控制面板中生成新的图层并将其命名为 "书脊"。

图 6-196

图 6-197

STEP 19 按 Ctrl+T 组合键，图像周围出现变换框，按住 Ctrl 键的同时，拖曳左下角的控制手柄到适当的位置，如图 6-198 所示。使用相同方法分别拖曳其他控制手柄到适当的位置，按 Enter 键确认操作，效果如图 6-199 所示。

图 6-198

图 6-199

STEP 20 新建图层并将其命名为"阴影1"。将前景色设为黑色。按住 Ctrl 键的同时，单击"封面"图层的缩览图，图像周围生成选区，如图 6-200 所示。按 Alt+Delete 组合键，用前景色填充选区，按 Ctrl+D 组合键，取消选区，效果如图 6-201 所示。

图 6-200 　　　　　　　　　　　　　　　　　图 6-201

STEP 21 在"图层"控制面板上方，将"阴影1"图层的"不透明度"选项设为 25%，如图 6-202 所示，图像效果如图 6-203 所示。

图 6-202 　　　　　　　　　　　　　　　　　图 6-203

STEP 22 单击"图层"控制面板下方的"添加图层蒙版"按钮 ，为"阴影1"图层添加图层蒙版，如图 6-204 所示。选择"渐变"工具 ，单击属性栏中的"点按可编辑渐变"按钮 ，弹出"渐变编辑器"对话框，将渐变色设为从黑色到白色，在图像窗口中从右上角向左下角拖曳光标填充渐变色，松开鼠标左键，效果如图 6-205 所示。

图 6-204 　　　　　　　　　　　　　　　　　图 6-205

STEP 23 新建图层并将其命名为"阴影2"。按住 Ctrl 键的同时，单击"书脊"图层的缩览图，图像周围生成选区，如图 6-206 所示。按 Alt+Delete 组合键，用前景色填充选区，按 Ctrl+D 组合键，取消选区，效果如图 6-207 所示。

STEP 24 在"图层"控制面板上方，将"阴影2"图层的"不透明度"选项设为 32%，如图 6-208 所示，图像效果如图 6-209 所示。

图 6-206

图 6-207

图 6-208

图 6-209

STEP 25 单击"图层"控制面板下方的"添加图层蒙版"按钮 ，为"阴影 2"图层添加图层蒙版，如图 6-210 所示。选择"渐变"工具 ，在图像窗口中从上向下拖曳光标填充渐变色，松开鼠标左键，效果如图 6-211 所示。

图 6-210

图 6-211

STEP 26 在"图层"控制面板中，按住 Shift 键的同时，依次单击"封面"图层和"书脊"图层将其同时选取，如图 6-212 所示。按 Ctrl+E 组合键，合并图层并将其命名为"书"，如图 6-213 所示。

图 6-212

图 6-213

STEP 27 单击"图层"控制面板下方的"添加图层样式"按钮 ，在弹出的菜单中选择"斜面和浮雕"命令，在弹出的对话框中进行设置，如图 6-214 所示，单击"确定"按钮，效果如图 6-215 所示。

图 6-214　　　　　　　　　　　　　　图 6-215

STEP 28 单击"图层"控制面板下方的"添加图层样式"按钮 **fx.**，在弹出的菜单中选择"投影"命令，在弹出的对话框中进行设置，如图 6-216 所示，单击"确定"按钮，效果如图 6-217 所示。

STEP 29 将前景色设为红色（其 R、G、B 的值分别为 230、0、18）。选择"横排文字"工具 **T**，在适当的位置输入需要的文字并选取文字，在属性栏中选择合适的字体并设置文字大小，效果如图 6-218 所示。按 Alt+↑ 组合键，适当调整文字的行距，效果如图 6-219 所示，在"图层"控制面板中生成新的文字图层。

STEP 30 爱情解说书籍封面海报制作完成。按 Ctrl+S 组合键，弹出"存储为"对话框，将其命名为"爱情解说书籍封面海报"，保存图像为 PSD 格式，单击"保存"按钮，弹出"Photoshop 格式选项"对话框，单击"确定"按钮，将图像保存。

图 6-216

图 6-217

图 6-218

图 6-219

6.3 课后习题——鉴赏书籍封面设计

⊕ 习题知识要点

在 Photoshop 中，使用定义图案命令和填充图案命令制作背景图案，使用多边形工具、混合模式选项、创建剪贴蒙版和添加图层蒙版命令制作图片效果，使用描边样式命令添加图片描边效果；在 Illustrator 中，使用文字工具添加文字，使用字形命令添加图形。鉴赏书籍封面效果如图 6-220 所示。

⊕ 效果所在位置

资源包/Ch06/效果/鉴赏书籍封面设计/鉴赏书籍封面.ai。

图 6-220

鉴赏书籍封面设计 1

鉴赏书籍封面设计 2

鉴赏书籍封面设计 3

Chapter

7

第 7 章
唱片封面设计

唱片封面设计是应用设计的一个重要门类。唱片封面是音乐的"外貌",不仅要体现出唱片的内容和性质,还要体现出音乐的美感。本章以唱片 CD 的封面设计为例,讲解唱片封面的设计方法和制作技巧。

课堂学习目标

- 在 Photoshop 软件中制作唱片封面的底图

- 在 Illustrator 软件中添加文字及出版信息

7.1 CD 唱片封面设计

案例学习目标

在 Photoshop 中，学习使用新建参考线命令添加参考线，使用调色命令、绘图工具和渐变工具制作唱片封面底图。在 Illustrator 中，学习使用置入命令、绘图工具、填充工具和文字工具添加标题及相关信息。

案例知识要点

在 Photoshop 中，使用矩形工具和创建剪贴蒙版命令制作图片剪切效果，使用照片滤镜命令和色阶命令调整图片的色调，使用变换选区命令调整选区大小，使用内阴影命令为图形添加内阴影效果。在 Illustrator 中，使用置入命令置入素材图片，使用绘图工具、文字工具和填充工具添加标题及相关信息，使用圆角矩形工具、添加锚点工具和直接选择工具制作装饰图形，使用矩形网格工具绘制需要的网格，使用文字工具、制表符命令和字符面板添加介绍性文字。CD 唱片封面设计效果如图 7-1 所示。

效果所在位置

资源包/Ch07/效果/CD 唱片封面设计/CD 唱片封面.ai。

图 7-1

Photoshop 应用

7.1.1 制作唱片封面底图

STEP 1 打开 Photoshop 软件，按 Ctrl + N 组合键，新建一个文件：宽度为 30.45cm，高度为 13.2cm，分辨率为 300 像素/英寸，颜色模式为 RGB，背景内容为白色。选择"视图 > 新建参考线"命令，在弹出的对话框中进行设置，如图 7-2 所示，单击"确定"按钮，效果如图 7-3 所示。用相同的方法在 12.9cm 处新建参考线，如图 7-4 所示。

CD 唱片封面设计 1

图 7-2

图 7-3

图 7-4

STEP 2 选择"视图 > 新建参考线"命令，在弹出的对话框中进行设置，如图 7-5 所示，单击"确定"按钮，效果如图 7-6 所示。用相同的方法分别在 14.6cm、15.85cm 和 30.15cm 处新建参考线，如图 7-7 所示。

图 7-5

图 7-6

图 7-7

STEP 3 将前景色设为浅灰色（其 R、G、B 的值分别为 226、230、231），按 Alt+Delete 组合键，用前景色填充"背景"图层，效果如图 7-8 所示。将前景色设为白色。选择"矩形"工具 ，在属性栏中的"选择工具模式"选项中选择"形状"，在图像窗口中拖曳光标绘制一个矩形，效果如图 7-9 所示，在"图层"控制面板中生成新的图层"矩形 1"。

图 7-8

图 7-9

STEP 4 按 Ctrl + O 组合键，打开资源包中的"Ch07 > 素材 > CD 唱片封面设计 > 01"文件。

选择"移动"工具 ，将图片拖曳到图像窗口中适当的位置并调整其大小，效果如图 7-10 所示，在"图层"控制面板中生成新图层并将其命名为"图片"。按 Ctrl+Alt+G 组合键，为"图片"图层创建剪贴蒙版，图像效果如图 7-11 所示。

图 7-10   图 7-11

STEP 5 单击"图层"控制面板下方的"创建新的填充或调整图层"按钮 ，在弹出的菜单中选择"照片滤镜"命令，在"图层"控制面板中生成"照片滤镜 1"图层，同时在弹出的"照片滤镜"面板中进行设置，如图 7-12 所示，按 Enter 键，效果如图 7-13 所示。

图 7-12   图 7-13

STEP 6 单击"图层"控制面板下方的"创建新的填充或调整图层"按钮 ，在弹出的菜单中选择"色阶"命令，在"图层"控制面板中生成"色阶 1"图层，同时在弹出的"色阶"面板中进行设置，如图 7-14 所示，按 Enter 键，效果如图 7-15 所示。

图 7-14   图 7-15

STEP 7 新建图层并将其命名为"形状"。选择"钢笔"工具 ，在属性栏中的"选择工具模式"选项中选择"路径"，在图像窗口中绘制路径。按 Ctrl+Enter 组合键，将路径转换为选区，如图 7-16 所示。选择"渐变"工具 ，单击属性栏中的"点按可编辑渐变"按钮 ，弹出"渐变编辑器"对话框，在"位置"选项中分别输入 0、46、100 三个位置点，分别设置三个位置点颜色的 R、G、B 值为

0（226、201、0）、46（212、165、0）、100（226、201、0），如图 7-17 所示。按住 Shift 键的同时，在选区中由上至下拖曳光标填充渐变色，效果如图 7-18 所示。

图 7-16   图 7-17   图 7-18

STEP 8 选择"选择 > 变换选区"命令，在选区周围出现控制手柄，如图 7-19 所示。向左拖曳右边中间的控制手柄到适当的位置，调整选区的大小，按 Enter 键确认操作，如图 7-20 所示。新建图层并将其命名为"形状 1"。将前景色设为灰色（其 R、G、B 的值分别为 210、210、204）。按 Alt+Delete 组合键，用前景色填充选区，按 Ctrl+D 组合键，取消选区，效果如图 7-21 所示。

图 7-19   图 7-20   图 7-21

STEP 9 单击"图层"控制面板下方的"添加图层样式"按钮 _fx._，在弹出的菜单中选择"内阴影"命令，在弹出的对话框中进行设置，如图 7-22 所示，单击"确定"按钮，效果如图 7-23 所示。

图 7-22   图 7-23

STEP 10 单击"图层"控制面板下方的"创建新组"按钮 ▢，生成新的图层组并将其命名为"条"。将前景色设为深黑色（其 R、G、B 的值分别为 45、43、47）。选择"矩形"工具 ▣，在属性栏中的"选择工具模式"选项中选择"形状"，在图像窗口中拖曳光标绘制一个矩形，效果如图 7-24 所示，在"图层"控制面板中生成新的图层"矩形 2"。

STEP 11 按 Ctrl+Alt+T 组合键，在图像周围出现变换框，按 Shift 键的同时，垂直向下拖曳图形到适当的位置，复制图形，按 Enter 键确认操作，效果如图 7-25 所示。按 Ctrl+Shift+Alt+T 组合键，再复制一个图形，如图 7-26 所示。

图 7-24

图 7-25

图 7-26

STEP 12 单击"条"图层组左侧的三角形图标 ▼，将"条"图层组中的图层隐藏。连续 5 次将"条"图层组拖曳到"图层"控制面板下方的"创建新图层"按钮 ▢ 上进行复制，生成新的拷贝图层，如图 7-27 所示。选择"移动"工具 ▶✛，在图像窗口中分别拖曳复制的图形到适当的位置，调整其大小和角度，效果如图 7-28 所示。

图 7-27

图 7-28

STEP 13 将前景色设为红色（其 R、G、B 的值分别为 148、0、18）。选择"矩形"工具 ▣，在属性栏中的"选择工具模式"选项中选择"形状"，在图像窗口中拖曳光标绘制一个矩形，效果如图 7-29 所示，在"图层"控制面板中生成新的图层"矩形 3"。

STEP 14 连续 3 次将"矩形 3"图层拖曳到"图层"控制面板下方的"创建新图层"按钮 ▢ 上进行复制，生成新的拷贝图层，如图 7-30 所示。选择"移动"工具 ▶✛，在图像窗口中分别拖曳复制的图形到适当的位置，调整其大小和角度，效果如图 7-31 所示。

STEP 15 在"图层"控制面板中，按住 Shift 键的同时，将"矩形 3 拷贝 3"图层和"条"图层组之间的所有图层同时选取，如图 7-32 所示。按 Ctrl+E 组合键，合并图层并将其命名为"条形"，如图 7-33 所示。按 Ctrl+Alt+G 组合键，为"条形"图层创建剪贴蒙版，图像效果如图 7-34 所示。

STEP 16 CD 唱片封面底图制作完成。按 Ctrl+; 组合键，隐藏参考线。按 Shift+Ctrl+E 组合键，合并可见图层。按 Ctrl+S 组合键，弹出"存储为"对话框，将其命名为"CD 唱片封面底图"，保存为 JPEG

格式，单击"保存"按钮，弹出"JPEG 选项"对话框，单击"确定"按钮，将图像保存。

图 7-29　　　　　　　　图 7-30　　　　　　　　图 7-31

图 7-32　　　　　　　　图 7-33　　　　　　　　图 7-34

Illustrator 应用

7.1.2　制作唱片封面

STEP　1 打开 Illustrator 软件，按 Ctrl+N 组合键，新建一个文档，设置文档的
宽度为 298.5mm，高度为 126mm，取向为横向，颜色模式为 CMYK，其他选项的设置
如图 7-35 所示，单击"确定"按钮。

STEP　2 按 Ctrl+R 组合键，显示标尺。选择"选择"工具，在页面中拖曳
一条垂直参考线，选择"窗口 > 变换"命令，弹出"变换"面板，将"X"轴选项设为

CD 唱片封面设计 2

143mm，如图 7-36 所示，按 Enter 键确认操作，效果如图 7-37 所示。保持参考线处于被选取状态，在"变
换"面板中将"X"轴选项设为 155.5mm，按 Alt+Enter 组合键，确认操作，效果如图 7-38 所示。

图 7-35

图 7-36

图 7-37 图 7-38

STEP 3 选择"文件 > 置入"命令，弹出"置入"对话框，选择资源包中的"Ch07 > 效果 > CD 唱片封面设计 > CD 唱片封面底图"文件，单击"置入"按钮，将图片置入到页面中。单击属性栏中的"嵌入"按钮，嵌入图片。选择"选择"工具 ，拖曳图片到适当的位置，效果如图 7-39 所示。用圈选的方法将图片和参考线同时选取，按 Ctrl+2 组合键，锁定所选对象。

STEP 4 选择"钢笔"工具 ，在适当的位置绘制一个不规则闭合图形，设置图形填充颜色为土黄色（其 C、M、Y、K 值分别为 20、35、85、0），填充图形，并设置描边色为无，效果如图 7-40 所示。

图 7-39 图 7-40

STEP 5 选择"直排文字"工具 ，在适当的位置输入需要的文字。选择"选择"工具 ，在属性栏中选择合适的字体并设置文字大小，填充文字为白色，按 Alt+←组合键，调整文字间距，效果如图 7-41 所示。

STEP 6 选择"文字"工具 ，在适当的位置分别输入需要的文字。选择"选择"工具 ，在属性栏中分别选择合适的字体并设置文字大小，填充文字为白色，效果如图 7-42 所示。

图 7-41 图 7-42

STEP 7 选择"直排文字"工具 ，在适当的位置输入需要的文字。选择"选择"工具 ，在属性栏中选择合适的字体并设置文字大小，按 Alt+←组合键，调整文字间距，效果如图 7-43 所示。

STEP 8 按 Ctrl+O 组合键，打开资源包中的"Ch07 > 素材 > CD 唱片封面设计 > 02"文件，按 Ctrl+A 组合键，全选图形。按 Ctrl+C 组合键，复制图形。选择正在编辑的页面，按 Ctrl+V 组合键，将其粘贴到页面中。选择"选择"工具 ，拖曳复制的图形到适当的位置并调整其大小，取消选取状态，效果如图 7-44 所示。

图 7-43 图 7-44

STEP 9 选择"文字"工具 T，在适当的位置分别输入需要的文字。选择"选择"工具，在属性栏中选择合适的字体并设置文字大小，效果如图 7-45 所示。选取下方英文文字，设置文字为黄绿色（其 C、M、Y、K 的值分别为 0、23、100、70），填充文字，效果如图 7-46 所示。

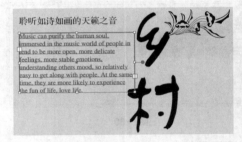

图 7-45 图 7-46

STEP 10 选择"圆角矩形"工具，在页面外单击鼠标左键，弹出"圆角矩形"对话框，选项的设置如图 7-47 所示，单击"确定"按钮，出现一个圆角矩形，如图 7-48 所示。

图 7-47 图 7-48

STEP 11 双击"渐变"工具，弹出"渐变"控制面板，在色带上设置 3 个渐变滑块，分别将渐变滑块的位置设为 0、52、100，并设置 C、M、Y、K 的值分别为 0（13、0、0、35）、52（19、0、0、51）、100（13、0、0、35），其他选项的设置如图 7-49 所示，图形被填充渐变色，并设置描边色为无，效果如图 7-50 所示。

STEP 12 选择"选择"工具，按 Ctrl+C 组合键，复制图形，按 Ctrl+F 组合键，将复制的图形粘贴在前面。向左拖曳右边中间的控制手柄到适当的位置，调整其大小，填充图形为黑色，效果如图 7-51

所示。

STEP 13 选择"文字"工具 T，在适当的位置输入需要的文字。选择"选择"工具 ，在属性栏中选择合适的字体并设置文字大小，填充文字为白色，效果如图 7-52 所示。

图 7-49   图 7-50

图 7-51   图 7-52

STEP 14 按 Ctrl+T 组合键，弹出"字符"控制面板，将"垂直缩放" T 选项设置为 75%，其他选项的设置如图 7-53 所示，按 Enter 键，效果如图 7-54 所示。按 Shift+Ctrl+O 组合键，将文字转化为轮廓，效果如图 7-55 所示。

图 7-53   图 7-54   图 7-55

STEP 15 双击"渐变"工具 ，弹出"渐变"控制面板，在色带上设置 3 个渐变滑块，分别将渐变滑块的位置设为 0、52、100，并设置 C、M、Y、K 的值分别为 0（13、0、0、35）、52（19、0、0、51）、100（13、0、0、35），其他选项的设置如图 7-56 所示，图形被填充渐变色，并设置描边色为无，效果如图 7-57 所示。

图 7-56   图 7-57

STEP 16 选择"文字"工具 T，在适当的位置分别输入需要的文字。选择"选择"工具 ，在属性栏中分别选择合适的字体并设置文字大小，效果如图 7-58 所示。

STEP 17 选择"钢笔"工具 ，在适当的位置绘制一个不规则闭合图形，填充图形为黑色，并设置描边色为无，效果如图 7-59 所示。选择"选择"工具 ，用圈选的方法将文字和图形同时选取，并将其拖曳到页面中适当的位置，效果如图 7-60 所示。

图 7-58

图 7-59

图 7-60

CD 唱片封面设计 3

STEP 18 选择"圆角矩形"工具 ，在页面外单击鼠标左键，弹出"圆角矩形"对话框，选项的设置如图 7-61 所示，单击"确定"按钮，出现一个圆角矩形。设置描边色为深黑色（其 C、M、Y、K 的值分别为 80、77、70、50），填充描边，在属性栏中将"描边粗细"选项设置为 2pt，按 Enter 键，效果如图 7-62 所示。并设置图形填充颜色为灰色（其 C、M、Y、K 的值分别为 22、15、20、0），填充图形，效果如图 7-63 所示。

图 7-61

图 7-62

图 7-63

STEP 19 选择"圆角矩形"工具 ，在页面中单击鼠标左键，弹出"圆角矩形"对话框，选项的设置如图 7-64 所示，单击"确定"按钮，出现一个圆角矩形。选择"选择"工具 ，拖曳圆角矩形到适当的位置，设置图形填充颜色为深黑色（其 C、M、Y、K 的值分别为 80、77、70、50），填充图形，并设置描边色为无，效果如图 7-65 所示。

图 7-64

图 7-65

STEP 20 选择"添加锚点"工具 ，在适当的位置分别单击鼠标左键，添加三个锚点，如图
7-66 所示。选择"直接选择"工具 ，向右拖曳需要的锚点到适当的位置，效果如图 7-67 所示。

图 7-66   图 7-67

STEP 21 选择"文字"工具 ，在适当的位置输入需要的文字。选择"选择"工具 ，在属
性栏中选择合适的字体并设置文字大小，设置文字填充颜色为灰色（其 C、M、Y、K 的值分别为 22、15、
20、0），填充文字，效果如图 7-68 所示。

STEP 22 选择"字符"控制面板，将"垂直缩放" 选项设置为 118%，其他选项的设置如图
7-69 所示，按 Enter 键，效果如图 7-70 所示。

图 7-68   图 7-69   图 7-70

STEP 23 选择"文字"工具 ，在适当的位置分别输入需要的文字。选择"选择"工具 ，
在属性栏中选择合适的字体并设置文字大小，效果如图 7-71 所示。将输入的文字同时选取，设置文字填
充颜色为深黑色（其 C、M、Y、K 的值分别为 80、77、70、50），填充文字，效果如图 7-72 所示。

图 7-71   图 7-72

STEP 24 选择"直线段"工具 ，按 Shift 键的同时，在适当的位置绘制一条直线，设置描边
色为深黑色（其 C、M、Y、K 的值分别为 80、77、70、50），填充直线描边，在属性栏中将"描边粗细"
选项设为 1 pt，按 Enter 键，效果如图 7-73 所示。

STEP 25 选择"选择"工具 ▶，按住 Alt+Shift 键的同时，水平向右拖曳直线到适当的位置，复制直线，效果如图 7-74 所示。用圈选的方法将文字和图形同时选取，并将其拖曳到页面中适当的位置，效果如图 7-75 所示。

图 7-73   图 7-74   图 7-75

7.1.3   制作唱片封底和侧面

STEP 1 选择"矩形网格"工具 ▦，在页面中单击鼠标左键，弹出"矩形网格工具选项"对话框，选项的设置如图 7-76 所示，单击"确定"按钮，出现一个网格图形。选择"选择"工具 ▶，拖曳网格图形到适当的位置，效果如图 7-77 所示。按 Ctrl+Shift+G 组合键，取消网格图形编组。

图 7-76   图 7-77

STEP 2 选择"选择"工具 ▶，选择需要的直线，按 Shift 键的同时，垂直向下拖曳到适当的位置，效果如图 7-78 所示。选择需要的竖线，按 Shift 键的同时，水平向右拖曳到适当的位置，效果如图 7-79 所示。

图 7-78   图 7-79

STEP 3 保持竖线处于被选取状态。按 Ctrl+C 组合键，复制竖线，按 Ctrl+F 组合键，将复制的竖线粘贴在前面。向上拖曳下边中间的控制手柄到适当的位置，调整其大小，效果如图 7-80 所示。选取下方的竖线，水平向右拖曳到适当的位置，并调整其大小，效果如图 7-81 所示。

图 7-80　　　　　　　　　　　　　　　　　图 7-81

STEP 4 按 Ctrl+O 组合键，打开资源包中的"Ch07 > 素材 > CD 唱片封面设计 > 03"文件，按 Ctrl+A 组合键，全选图形。按 Ctrl+C 组合键，复制图形。选择正在编辑的页面，按 Ctrl+V 组合键，将其粘贴到页面中。选择"选择"工具 ，拖曳复制的图形到适当的位置并调整其大小，取消选取状态，效果如图 7-82 所示。

STEP 5 选择"文件 > 置入"命令，弹出"置入"对话框，选择资源包中的"Ch07 > 素材 > CD 唱片封面设计 > 04"文件，单击"置入"按钮，将图片置入到页面中。单击属性栏中的"嵌入"按钮，嵌入图片。选择"选择"工具 ，拖曳图片到适当的位置并调整其大小，效果如图 7-83 所示。

图 7-82　　　　　　　　　　　　　　　　　图 7-83

STEP 6 选择"文字"工具 T ，在适当的位置分别输入需要的文字。选择"选择"工具 ，在属性栏中选择合适的字体并设置文字大小，效果如图 7-84 所示。选取需要的文字，按 Alt+→组合键，调整文字间距，并填充文字为白色，效果如图 7-85 所示。

图 7-84　　　　　　　　　　　　　　　　　图 7-85

STEP 7 选择"矩形"工具 ，在适当的位置拖曳鼠标绘制一个矩形，设置图形填充颜色为土黄色（其 C、M、Y、K 值分别为 0、23、100、40），填充图形，并设置描边色为无，效果如图 7-86 所示。连续按 Ctrl+[组合键，向后移动到适当的位置，效果如图 7-87 所示。

图 7-86　　　　　　　　　　　　　　　　　图 7-87

STEP 8 选择"选择"工具 ，选取需要的文字，按 Alt+→组合键，调整文字间距，效果如图 7-88 所示。选择"文字"工具 T ，选取文字"车驰乐动"，在属性栏中选择合适的字体并设置文字大小，效果如图 7-89 所示。

图 7-88　　　　　　　　　　　　　　　　　图 7-89

STEP 9 选择"文字"工具 T，在适当的位置输入需要的文字。选择"选择"工具 ↖，在属性栏中选择合适的字体并设置文字大小，效果如图 7-90 所示。

图 7-90

STEP 10 选择"文字"工具 T，在页面外适当的位置按住鼠标左键不放，拖曳出一个文本框，在属性栏中选择合适的字体并设置文字大小，如图 7-91 所示。选择"窗口 > 文字 > 制表符"命令，弹出"制表符"面板，单击"右对齐制表符"按钮 ↓，在面板中将"X"选项设置为 37.5mm，其他选项的设置如图 7-92 所示。

CD 唱片封面设计 4

图 7-91　　　　　　　　　　　　　　　图 7-92

STEP 11 将光标置于段落文本框中，输入文字"01 一起嗑"，如图 7-93 所示。按一下 Tab 键，光标跳到下一个制表位处，输入文字"3:58"，效果如图 7-94 所示。

图 7-93　　　　　　　　　　　　　　　图 7-94

STEP 12 按 Enter 键，将光标换到下一行，输入需要的文字，如图 7-95 所示。用相同的方法依次输入其他需要的文字，效果如图 7-96 所示。

图 7-95　　　　　　　　　　　　　　　图 7-96

STEP 13 选择"选择"工具，拖曳文字到页面中适当的位置，效果如图 7-97 所示。在"字符"控制面板中将"设置行距"选项设为 7.5 pt，如图 7-98 所示，按 Enter 键，效果如图 7-99 所示。

图 7-97

图 7-98

图 7-99

STEP 14 使用相同方法制作其他文字效果，如图 7-100 所示。选择"直线段"工具，按 Shift 键的同时，在适当的位置绘制一条竖线，如图 7-101 所示。

图 7-100

图 7-101

STEP 15 选择"窗口 > 描边"命令，弹出"描边"控制面板，勾选"虚线"复选框，其他选项的设置如图 7-102 所示，效果如图 7-103 所示。选择"选择"工具，按住 Alt+Shift 组合键的同时，水平向右拖曳虚线到适当的位置，复制图形，效果如图 7-104 所示。

图 7-102

图 7-103

图 7-104

STEP 16 按 Ctrl+O 组合键，打开资源包中的"Ch07 > 素材 > CD 唱片封面设计 > 05"文件，按 Ctrl+A 组合键，全选图形。按 Ctrl+C 组合键，复制图形。选择正在编辑的页面，按 Ctrl+V 组合键，将其粘贴到页面中。选择"选择"工具，拖曳复制的图形到适当的位置并调整其大小，取消选取状态，效果如图 7-105 所示。

STEP 17 选择"选择"工具，选取封面中需要的图形，如图 7-106 所示。按住 Alt 键的同时，用鼠标向右拖曳图形到侧面上适当的位置，复制图形，并调整其大小，效果如图 7-107 所示。使用相同的方法分别复制封面中其余需要的文字和图形，并分别调整其位置和大小，效果如图 7-108 所示。

图 7-105

图 7-106

图 7-107

图 7-108

STEP 18 选择"直排文字"工具，在侧面上输入需要的文字。选择"选择"工具，在属性栏中选择合适的字体并设置文字大小，效果如图 7-109 所示。

STEP 19 选择"选择"工具，按住 Shift 键的同时，选取需要的图形和文字，设置填充颜色为土黄色（其 C、M、Y、K 值分别为 0、23、100、40），填充图形和文字，效果如图 7-110 所示。

图 7-109

图 7-110

STEP↗20 选择"选择"工具 ▶，按住 Shift 键的同时，选取封底中需要的图形，如图 7-111 所示。按住 Alt 键的同时，用鼠标向左拖曳图形到封底上，复制图片，分别调整其位置和大小，效果如图 7-112 所示。

STEP↗21 CD 唱片封面制作完成。按 Ctrl+S 组合键，弹出"存储为"对话框，将其命名为"CD 唱片封面"，保存为 AI 格式，单击"保存"按钮，将文件保存。

图 7-111

图 7-112

7.2 专辑 CD 唱片封面设计

⊕ 案例学习目标

在 Photoshop 中，学习使用新建参考线命令添加参考线，使用调色命令、图层面板和画笔工具制作唱片封面底图。在 Illustrator 中，学习使用置入命令、绘图工具、填充工具和文字工具添加标题及相关信息。

⊕ 案例知识要点

在 Photoshop 中，使用自然饱和度调整层调整背景效果图，使用图层蒙版和画笔工具抠出人物制作融合效果，使用照片滤镜和曲线调整层调整整个背景效果图。在 Illustrator 中，使用置入命令置入素材图片，使用钢笔工具、画笔面板、复制命令和透明度面板制作背景装饰图，使用文字工具和椭圆工具添加标题及相关信息，使用矩形网格工具和取消群组命令制作表格，使用文字工具、制表符命令和字符面板添加歌曲文字。专辑 CD 唱片封面设计效果如图 7-113 所示。

⊕ 效果所在位置

资源包/Ch07/效果/专辑 CD 唱片封面设计/专辑 CD 唱片封面.ai。

图 7-113

Photoshop 应用

7.2.1 制作唱片封面底图

STEP 1 打开 Photoshop 软件，按 Ctrl + N 组合键，新建一个文件：宽度为 30.45cm，高度为 13.2cm，分辨率为 300 像素/英寸，颜色模式为 RGB，背景内容为白色。按 Alt+Delete 组合键，用前景色填充背景图层。选择"视图 > 新建参考线"命令，在弹出的对话框中进行设置，如图 7-114 所示，单击"确定"按钮，效果如图 7-115 所示。用相同的方法在 15.55cm 处新建参考线，如图 7-116 所示。

专辑 CD 唱片封面设计 1

图 7-114

图 7-115

图 7-116

STEP 2 按 Ctrl + O 组合键，打开资源包中的"Ch07 > 素材 > 专辑 CD 唱片封面设计 > 01"文件。选择"移动"工具，将图片拖曳到图像窗口中适当的位置，并调整其大小，效果如图 7-117 所示，在"图层"控制面板中生成新图层并将其命名为"图片"。

图 7-117

STEP 3 单击"图层"控制面板下方的"创建新的填充或调整图层"按钮，在弹出的菜单中选择"自然饱和度"命令，在"图层"控制面板中生成"自然饱和度 1"图层，同时在弹出的"自然饱和度"面板中进行设置，如图 7-118 所示，图像效果如图 7-119 所示。

图 7-118   图 7-119

STEP 4 按 Ctrl + O 组合键，打开资源包中的"Ch07 > 素材 > 专辑 CD 唱片封面设计 > 02"文件。选择"移动"工具 ，将图片拖曳到图像窗口中适当的位置，并调整其大小，效果如图 7-120 所示，在"图层"控制面板中生成新图层并将其命名为"人物"。单击控制面板下方的"添加图层蒙版"按钮 ，为该图层添加图层蒙版，如图 7-121 所示。

图 7-120   图 7-121

STEP 5 将前景色设为黑色。选择"画笔"工具 ，在属性栏中单击"画笔"选项右侧的按钮 ，在弹出的面板中选择需要的画笔形状，将"大小"选项设为 175 像素，如图 7-122 所示，在图像窗口中拖曳光标擦除不需要的图像，效果如图 7-123 所示。

图 7-122   图 7-123

STEP 6 单击"图层"控制面板下方的"创建新的填充或调整图层"按钮 ，在弹出的菜单中选择"照片滤镜"命令，在"图层"控制面板中生成"照片滤镜 1"图层，同时在弹出的"照片滤镜"面板中进行设置，如图 7-124 所示，图像效果如图 7-125 所示。

STEP 7 单击"图层"控制面板下方的"创建新的填充或调整图层"按钮 ，在弹出的菜单中选择"曲线"命令，在"图层"控制面板中生成"曲线 1"图层，同时弹出"曲线"面板，在曲线上单击鼠标添加控制点，将"输入"选项设为 60，"输出"选项设为 44，如图 7-126 所示，图像效果如图 7-127 所示。

图 7-124

图 7-125

图 7-126

图 7-127

STEP 8 专辑 CD 唱片封面底图制作完成。按 Ctrl+; 组合键，隐藏参考线。按 Shift+Ctrl+E 组合键，合并可见图层。按 Ctrl+S 组合键，弹出"存储为"对话框，将其命名为"专辑 CD 唱片封面底图"，保存为 JPEG 格式，单击"保存"按钮，弹出"JPEG 选项"对话框，单击"确定"按钮，将图像保存。

Illustrator 应用

7.2.2 制作唱片封面

STEP 1 打开 Illustrator 软件，按 Ctrl+N 组合键，新建一个文档，设置文档的宽度为 298.5mm，高度为 126mm，取向为横向，颜色模式为 CMYK，出血为 3mm，单击"确定"按钮。

STEP 2 按 Ctrl+R 组合键，显示标尺。选择"选择"工具，在页面中拖曳一条垂直参考线。选择"窗口 > 变换"命令，弹出"变换"面板，将"X"轴选项设为 143mm，如图 7-128 所示，按 Enter 键确认操作，效果如图 7-129 所示。保持参考线处于被选取状态，在"变换"面板中将"X"轴选项设为 155.5mm，按 Alt+Enter 组合键确认操作，效果如图 7-130 所示。

专辑 CD 唱片封面设计 2

图 7-128　　　　　　　　　　　　　　图 7-129

图 7-130

STEP 3 选择"文件 > 置入"命令，弹出"置入"对话框，选择资源包中的"Ch07 > 效果 > 专辑 CD 唱片封面设计 > 专辑 CD 唱片封面底图"文件，单击"置入"按钮，将图片置入到页面中。单击属性栏中的"嵌入"按钮，嵌入图片，效果如图 7-131 所示。

图 7-131

STEP 4 选择"选择"工具 ，拖曳图片到适当的位置，效果如图 7-132 所示。用圈选的方法将图片和参考线同时选取，按 Ctrl+2 组合键，锁定所选对象。

图 7-132

STEP 5 选择"钢笔"工具 ，在适当的位置绘制一条斜线，设置图形描边颜色为咖啡色（其 C、M、Y、K 值分别为 0、58、100、60），填充描边，效果如图 7-133 所示。选择"窗口 > 画笔"命令，在弹出的面板中选择需要的画笔形状，如图 7-134 所示，直线效果如图 7-135 所示。

图 7-133　　　　　　　　　图 7-134　　　　　　　　图 7-135

STEP 6 用相同的方法绘制其他直线，效果如图 7-136 所示。选择"选择"工具 ，按住 Shift 键的同时，将绘制的直线同时选取。选择"窗口 > 透明度"命令，在弹出的面板中将"不透明度"选项设为 70%，如图 7-137 所示，图形效果如图 7-138 所示。

图 7-136　　　　　　　　　图 7-137　　　　　　　　图 7-138

STEP 7 选择"文字"工具 T，在适当的位置分别输入需要的文字。选择"选择"工具 ，在属性栏中分别选择合适的字体并设置文字大小，填充文字为白色，效果如图 7-139 所示。选择"椭圆"工具 ，按住 Shift 键的同时，在适当的位置绘制圆形。填充为白色，并设置描边色为无，效果如图 7-140 所示。选择"选择"工具 ，按住 Alt 键的同时，将圆形拖曳到适当的位置，复制圆形，效果如图 7-141 所示。

图 7-139　　　　　　　　　图 7-140　　　　　　　　图 7-141

STEP 8 选择"圆角矩形"工具 ，在适当的位置单击鼠标，在弹出的对话框中进行设置，如图 7-142 所示，单击"确定"按钮，效果如图 7-143 所示。

图 7-142

图 7-143

STEP 9 双击"渐变"工具 ，弹出"渐变"控制面板，在色带上设置 3 个渐变滑块，分别将渐变滑块的位置设为 0、52、100，并设置 C、M、Y、K 的值分别为 0（0、0、0、0）、52（0、0、0、30）、100（0、0、0、0），其他选项的设置如图 7-144 所示，图形被填充为渐变色，并设置描边色为无，效果如图 7-145 所示。

图 7-144

图 7-145

STEP 10 选择"选择"工具 ，选取圆角矩形。按 Ctrl+C 组合键复制图形，按 Ctrl+F 组合键原位粘贴图形。向左拖曳右侧中间的控制手柄到适当的位置，调整其大小，效果如图 7-146 所示。设置填充颜色为橙黄色（其 C、M、Y、K 值分别为 0、40、100、18），填充图形，效果如图 7-147 所示。

图 7-146

图 7-147

STEP 11 选择"文字"工具 T ，在适当的位置输入需要的文字。选择"选择"工具 ，在属性栏中选择合适的字体并设置文字大小，效果如图 7-148 所示。按 Ctrl+T 组合键，弹出"字符"控制面板，将"垂直缩放" 选项设置为 72%，其他选项的设置如图 7-149 所示，按 Enter 键确认操作，效果如图 7-150 所示。

STEP 12 按 Shift+Ctrl+O 组合键，将文字转化为轮廓，效果如图 7-151 所示。双击"渐变"工具，弹出"渐变"控制面板，在色带上设置 3 个渐变滑块，分别将渐变滑块的位置设为 0、52、100，并设置 C、M、Y、K 的值分别为 0（0、0、0、0）、52（0、0、0、30）、100（0、0、0、0），其他选项的设置如图 7-152 所示，图形被填充为渐变色，效果如图 7-153 所示。

图 7-148　　　　　　　　　　　　　图 7-149　　　　　　　　　　　　　图 7-150

图 7-151　　　　　　　　　　　　　图 7-152　　　　　　　　　　　　　图 7-153

STEP 13 选择"文字"工具 T，在适当的位置分别输入需要的文字。选择"选择"工具，在属性栏中选择合适的字体并设置文字大小，选取需要的文字，填充为白色，效果如图 7-154 所示。在"字符"面板中进行设置，如图 7-155 所示，按 Enter 键确认操作，效果如图 7-156 所示。

图 7-154　　　　　　　　　　　　　图 7-155　　　　　　　　　　　　　图 7-156

STEP 14 选择"钢笔"工具，在适当的位置绘制图形。双击"渐变"工具，弹出"渐变"控制面板，在色带上设置 3 个渐变滑块，分别将渐变滑块的位置设为 0、52、100，并设置 C、M、Y、K 的值分别为 0（0、0、0、0）、52（0、0、0、30）、100（0、0、0、0），其他选项的设置如图 7-157 所示，图形被填充为渐变色，并设置描边色为无，效果如图 7-158 所示。

STEP 15 选择"圆角矩形"工具，在适当的位置单击鼠标，在弹出的对话框中进行设置，如图 7-159 所示，单击"确定"按钮。设置描边颜色为橘色（其 C、M、Y、K 值分别为 0、58、100、15），填充描边色，效果如图 7-160 所示。选

专辑 CD 唱片封面设计 3

择"矩形"工具 ，在适当的位置拖曳光标绘制矩形。设置填充颜色为橘色（其 C、M、Y、K 值分别为 0、58、100、15 ），填充图形，并设置描边色为无，效果如图 7-161 所示。

图 7-157

图 7-158

图 7-159

图 7-160

图 7-161

STEP 16 选择"选择"工具 ，选取下方的圆角矩形，按 Ctrl+C 组合键，复制图形。按 Ctrl+F 组合键，原位粘贴图形。按 Ctrl+] 组合键，将复制的圆角矩形置于顶层，效果如图 7-162 所示。将复制的图形和矩形同时选取，按 Ctrl+7 组合键，创建剪切蒙版，效果如图 7-163 所示。

图 7-162

图 7-163

STEP 17 按 Ctrl+O 组合键，打开资源包中的"Ch07 > 素材 > 专辑 CD 唱片封面设计 > 03"文件，按 Ctrl+A 组合键，全选图形。按 Ctrl+C 组合键，复制图形。选择正在编辑的页面，按 Ctrl+V 组合键，将其粘贴到页面中，选择"选择"工具 ，拖曳复制的图形到适当的位置，效果如图 7-164 所示。填充为白色，效果如图 7-165 所示。

图 7-164

图 7-165

STEP 18 选择"直线段"工具 ，按住 Shift 键的同时，在适当的位置绘制直线，填充描边色为白色，效果如图 7-166 所示。选择"文字"工具 T，在适当的位置分别输入需要的文字。选择"选择"工具 ，在属性栏中选择合适的字体并设置文字大小，选取需要的文字，填充为白色，效果如图 7-167 所示。

图 7-166   图 7-167

STEP 19 按住 Shift 键的同时，将需要的两个文字同时选取，在"字符"控制面板中进行设置，如图 7-168 所示，按 Enter 键确认操作，效果如图 7-169 所示。

图 7-168   图 7-169

7.2.3 制作唱片封底和侧面

STEP 1 选择"文字"工具 T，在适当的位置拖曳出文本框并输入需要的文字，如图 7-170 所示。选择"选择"工具 ，选取文本框，在属性栏中选择合适的字体并设置文字大小。在"字符"面板中进行设置，如图 7-171 所示，按 Enter 键确认操作，效果如图 7-172 所示。

图 7-170   图 7-171   图 7-172

STEP 2 保持文本框处于被选取状态。选择"窗口 > 文字 > 制表符"命令，弹出"制表符"面板，如图 7-173 所示。单击"右对齐制表符"按钮 ，在面板中将"X"选项设置为 48.92mm，其他选项的设置如图 7-174 所示，按 Enter 键确认操作。

STEP 3 将光标置于段落文本框中的"01 一起嗨"后面，按 Tab 键添加制表符，如图 7-175 所示。用相同的方法在其他位置添加制表符，效果如图 7-176 所示。

图 7-173

图 7-174

图 7-175

图 7-176

STEP 4 选择 "选择" 工具 ，选取文本框，分别拖曳控制手柄调整其大小，效果如图 7-177 所示。将文本框拖曳到适当的位置，并填充为白色，效果如图 7-178 所示。用相同的方法制作右侧的文本框，效果如图 7-179 所示。

图 7-177

图 7-178

图 7-179

STEP 5 选择"圆角矩形"工具 ，在适当的位置单击鼠标，弹出"圆角矩形"对话框，选项的设置如图 7-180 所示，单击"确定"按钮。填充为白色，并设置描边色为无，效果如图 7-181 所示。选择"直线段"工具 ，在适当的位置绘制直线，填充描边色为白色，效果如图 7-182 所示。

图 7-180

图 7-181

图 7-182

STEP 6 选择"文字"工具 ，在适当的位置输入需要的文字。选择"选择"工具 ，在属性栏中选择合适的字体并设置文字大小，效果如图 7-183 所示。选择"旋转"工具 ，拖曳光标将文字旋转到适当的角度，效果如图 7-184 所示。

图 7-183

图 7-184

STEP 7 选择"选择"工具 ，用圈选方法将需要的图形和文字同时选取，按住 Alt 键的同时，将其拖曳到适当的位置，复制图形，效果如图 7-185 所示。选择"文字"工具 ，选取并修改需要的文字，效果如图 7-186 所示。

图 7-185

图 7-186

STEP 8 选择"矩形网格"工具 ▦，在页面中单击鼠标左键，弹出"矩形网格工具选项"对话框，选项的设置如图 7-187 所示，单击"确定"按钮，出现一个网格图形。选择"选择"工具 ▶，拖曳网格图形到适当的位置，效果如图 7-188 所示。按 Ctrl+Shift+G 组合键，取消网格图形编组。

图 7-187

图 7-188

STEP 9 选择"选择"工具 ▶，选择需要的直线，按住 Shift 键的同时，垂直向下拖曳直线到适当的位置，效果如图 7-189 所示。选择需要的竖线，按住 Shift 键的同时，水平向右拖曳到适当的位置，效果如图 7-190 所示。

图 7-189

图 7-190

STEP 10 保持竖线处于被选取状态。按 Ctrl+C 组合键，复制竖线，按 Ctrl+F 组合键，将复制的竖线粘贴在前面。向上拖曳下边中间的控制手柄到适当的位置，调整其大小，效果如图 7-191 所示。选取下方的竖线，水平向右拖曳到适当的位置，并调整其大小，效果如图 7-192 所示。

图 7-191

图 7-192

STEP 11 按 Ctrl+O 组合键，打开资源包中的"Ch07 > 素材 > 专辑 CD 唱片封面设计 > 04"文件，按 Ctrl+A 组合键，全选图形。按 Ctrl+C 组合键，复制图形。选择正在编辑的页面，按 Ctrl+V 组合键，将其粘贴到页面中。选择"选择"工具 ▶，拖曳复制的图形到适当的位置并调整其大小，效果如图 7-193 所示。

STEP 12 选择"文件 > 置入"命令，弹出"置入"对话框，选择资源包中的"Ch07 > 素材 > 专辑 CD 唱片封面设计 > 05"文件，单击"置入"按钮，将图片置入到页面中。单击属性栏中的"嵌入"按钮，嵌入图片。选择"选择"工具 ▶，拖曳图片到适当的位置并调整其大小，效果如图 7-194 所示。

图 7-193 图 7-194

STEP 13 选择"文字"工具 T ，在适当的位置分别输入需要的文字。选择"选择"工具 ，在属性栏中分别选择合适的字体并设置文字大小，效果如图 7-195 所示。

图 7-195

STEP 14 选择"文字"工具 T ，选取需要的文字，"字符"面板中的设置如图 7-196 所示，按 Enter 键确认操作，效果如图 7-197 所示。

图 7-196 图 7-197

STEP 15 选择"文字"工具 T ，在适当的位置插入光标，"字符"面板中的设置如图 7-198 所示，按 Enter 键确认操作，效果如图 7-199 所示。

图 7-198 图 7-199

STEP 16 选择"选择"工具 ，按住 Shift 键的同时，将需要的文字同时选取。"字符"面板中的设置如图 7-200 所示，按 Enter 键确认操作，效果如图 7-201 所示。

图 7-200 图 7-201

STEP 17 选取需要的文字，设置填充颜色为橘色（其 C、M、Y、K 值分别为 0、48、100、15），填充文字，效果如图 7-202 所示。选择"矩形"工具 ▣，在适当的位置拖曳光标绘制矩形，设置图形填充颜色为橘色（其 C、M、Y、K 值分别为 0、48、100、15），填充图形，并设置描边色为无，效果如图 7-203 所示。

图 7-202

图 7-203

STEP 18 保持矩形处于被选取状态，连续按 Ctrl+ [组合键，向后移动到适当的位置，效果如图 7-204 所示。按 Ctrl+O 组合键，打开资源包中的"Ch07 > 素材 > 专辑 CD 唱片封面设计 > 06"文件，按 Ctrl+A 组合键，全选图形。按 Ctrl+C 组合键，复制图形。选择正在编辑的页面，按 Ctrl+V 组合键，将其粘贴到页面中。选择"选择"工具 ▶，拖曳复制的图形到适当的位置并调整其大小，如图 7-205 所示。填充为白色，效果如图 7-206 所示。

图 7-204

图 7-205

图 7-206

STEP 19 选择"直排文字"工具 ↓T 和"文字"工具 T，在适当的位置分别输入需要的文字。选择"选择"工具 ▶，在属性栏中分别选择合适的字体并设置文字大小，填充文字为白色，效果如图 7-207 所示。选择"旋转"工具 ↺，拖曳光标将其旋转到适当的角度，效果如图 7-208 所示。

STEP 20 选择"椭圆"工具 ◯，按住 Shift 键的同时，在适当的位置绘制圆形。填充为白色，并设置描边色为无，效果如图 7-209 所示。选择"选择"工具 ▶，按住 Alt 键的同时，将圆形拖曳到适当的位置，复制圆形，效果如图 7-210 所示。

图 7-207

图 7-208

图 7-209

图 7-210

STEP 21 选择"选择"工具 ，选取需要的图形，按住 Alt 键的同时，将其拖曳到适当的位置，复制图形并调整其大小，效果如图 7-211 所示。专辑唱片封面制作完成，效果如图 7-212 所示。

图 7-211   图 7-212

7.3 课后习题——钢琴 CD 封面设计

习题知识要点

在 Photoshop 中，使用添加图层蒙版命令和渐变工具制作图片的渐隐效果，使用创建剪贴蒙版命令制作渐隐图片的剪贴蒙版，使用图层混合模式和外发光命令制作扇子图形；在 Illustrator 中，使用椭圆工具、渐变工具、旋转扭曲工具和外发光命令制作装饰图形，使用文字工具添加 CD 名称，使用描边控制面板、扩展外观命令和渐变工具制作文字的渐变描边效果。钢琴 CD 封面设计效果如图 7-213 所示。

效果所在位置

资源包/Ch07/效果/钢琴 CD 封面设计/钢琴 CD 封面.ai。

图 7-213

钢琴 CD 封面设计 1

钢琴 CD 封面设计 2

钢琴 CD 封面设计 3

Chapter

8

第 8 章
宣传单设计

宣传单是直销广告的一种,对宣传活动和促销商品有着重要的作用。通过派送、邮递等形式,宣传单可以有效地将信息传送给目标受众。众多的企业和商家都希望通过宣传单来宣传自己的产品,传播自己的企业文化。本章以咖啡宣传单和家具宣传单设计为例,讲解宣传单的设计方法和制作技巧。

课堂学习目标

- 在 Photoshop 软件中制作宣传单底图

- 在 Illustrator 软件中添加底图、标题文字及相关信息

8.1 咖啡宣传单设计

在 Photoshop 中，学习使用移动工具、图层面板和渐变工具制作宣传单底图。在 Illustrator 中，学习使用绘图工具、文字工具、填充命令添加宣传语和其他相关信息。

在 Photoshop 中，使用图层混合模式和不透明度选项制作图片融合效果。使用图层蒙版按钮和渐变工具制作图片渐隐效果。在 Illustrator 中，使用矩形工具、钢笔工具、直接选择工具和文字工具添加宣传语和其他相关信息，使用椭圆工具、钢笔工具与文字工具制作标志和标准字。咖啡宣传单效果如图 8-1 所示。

资源包/Ch08/效果/咖啡宣传单设计/咖啡宣传单.ai。

图 8-1

Photoshop 应用

8.1.1 制作背景底图

STEP 1 打开 Photoshop 软件，按 Ctrl + N 组合键，新建一个文件：宽度为 21.6cm，高度为 30.3cm，分辨率为 300 像素/英寸，颜色模式为 RGB，背景内容为白色。将前景色设为米黄色（其 R、G、B 的值分别为 249、242、225）。按 Alt+Delete 组合键，用前景色填充背景图层，效果如图 8-2 所示。

咖啡宣传单设计 1

STEP 2 按 Ctrl + O 组合键，打开资源包中的"Ch08 > 素材 > 咖啡宣传单设计 > 01"文件。选择"移动"工具 ，将图片拖曳到图像窗口中适当的位置并调整其大小，如图 8-3 所示。在"图层"控制面板中生成新的图层并将其命名为"图片 1"。

STEP 3 在"图层"控制面板上方，将"图片 1"图层的混合模式选项设为"颜色加深"，"不透明度"选项设为 60%，如图 8-4 所示，图像效果如图 8-5 所示。

STEP 4 新建图层并将其命名为"渐变图形"。选择"渐变"工具 ，单击属性栏中的"点按可编辑渐变"按钮 ，弹出"渐变编辑器"对话框，将渐变颜色设为从草绿色（其 R、G、B 的值分别为 184、213、90）到透明色，如图 8-6 所示，单击"确定"按钮。按住 Shift 键的同时，在图像窗口中从下往上拖曳光标填充渐变色，效果如图 8-7 所示。

图 8-2

图 8-3

图 8-4

图 8-5

图 8-6

图 8-7

STEP 5 按 Ctrl + O 组合键，打开资源包中的"Ch08 > 素材 > 咖啡宣传单设计 > 02"文件。选择"移动"工具，将图片拖曳到图像窗口中适当的位置并调整其大小，效果如图 8-8 所示。在"图层"控制面板中生成新的图层并将其命名为"图片 2"。

STEP 6 单击"图层"控制面板下方的"添加图层蒙版"按钮，为"图片 2"图层添加图层蒙版，如图 8-9 所示。选择"渐变"工具，单击属性栏中的"点按可编辑渐变"按钮，弹出"渐变编辑器"对话框，将渐变色设为从黑色到白色，在图像窗口中拖曳光标填充渐变色，松开鼠标左键，效果如图 8-10 所示。

图 8-8

图 8-9

图 8-10

STEP 7 在"图层"控制面板上方，将"图片 2"图层的混合模式选项设为"叠加"，如图 8-11

所示，图像效果如图 8-12 所示。

STEP**8** 按 Ctrl + O 组合键，打开资源包中的"Ch08 > 素材 > 咖啡宣传单设计 > 03"文件。选择"移动"工具 ，将图片拖曳到图像窗口中适当的位置并调整其大小，如图 8-13 所示。在"图层"控制面板中生成新的图层并将其命名为"食物"。

图 8-11

图 8-12

图 8-13

STEP**9** 咖啡宣传单底图制作完成。按 Ctrl+Shift+E 组合键，合并可见图层。按 Ctrl+Shift+S 组合键，弹出"存储为"对话框，将其命名为"咖啡宣传单底图"，并保存为 TIFF 格式。单击"保存"按钮，弹出"TIFF 选项"对话框，单击"确定"按钮，将图像保存。

Illustrator 应用

8.1.2　导入图片并制作标题文字

STEP**1** 打开 Illustrator 软件，按 Ctrl+N 组合键，新建一个文档，设置文档的宽度为 210mm，高度为 297mm，取向为竖向，颜色模式为 CMYK，单击"确定"按钮。

STEP**2** 选择"文件 > 置入"命令，弹出"置入"对话框，选择资源包中的"Ch08 > 效果 > 咖啡宣传单设计 > 咖啡宣传单底图"文件，单击"置入"按钮，将图片置入到页面中，单击属性栏中的"嵌入"按钮，嵌入图片。选择"选择"工具 ，拖曳图片到适当的位置，效果如图 8-14 所示。

咖啡宣传单设计 2

STEP**3** 选择"矩形"工具 ，在适当的位置绘制一个矩形，设置填充颜色为土黄色（其 C、M、Y、K 的值分别为 0、35、85、0），填充图形，并设置描边色为无，效果如图 8-15 所示。

图 8-14

图 8-15

STEP**4** 选择"矩形"工具 ，在适当的位置再绘制一个矩形，设置填充颜色为橘黄色（其 C、

M、Y、K 的值分别为 0、50、100、0），填充图形，并设置描边色为无，效果如图 8-16 所示。

STEP 5 选择"钢笔"工具 ，在适当的位置单击鼠标左键，添加一个锚点，如图 8-17 所示。分别在矩形右侧上下两个锚点上单击鼠标左键，删除锚点，效果如图 8-18 所示。

图 8-16　　　　　　　　图 8-17　　　　　　　　图 8-18

STEP 6 选择"文字"工具 T，在适当的位置输入需要的文字。选择"选择"工具，在属性栏中选择合适的字体并设置文字大小，填充文字为白色，效果如图 8-19 所示。按住 Shift 键的同时，依次单击下方图形将其同时选取，并旋转到适当的角度，效果如图 8-20 所示。

图 8-19　　　　　　　　　　图 8-20

STEP 7 选择"钢笔"工具，在页面中分别绘制不规则图形，如图 8-21 所示。选择"选择"工具，按住 Shift 键的同时，将所绘制的图形同时选取，设置图形填充颜色为土黄色（其 C、M、Y、K 值分别为 0、35、85、0），填充图形，效果如图 8-22 所示。使用上述相同方法制作其他图形和文字，效果如图 8-23 所示。

图 8-21　　　　　　　　图 8-22　　　　　　　　图 8-23

8.1.3　添加宣传语

STEP 1 选择"文字"工具 T，在页面外分别输入需要的文字。选择"选择"工具，在属性栏中分别选择合适的字体并设置文字大小，效果如图 8-24 所示。选取英文"Waffle Bant"，按 Alt+← 组合键，调整文字间距，效果如图 8-25 所示。

Waffle Bant
新装开业

图 8-24

Waffle Bant
新装开业

图 8-25

STEP⬎2 保持文字处于被选取状态。设置文字颜色为浅灰色（其 C、M、Y、K 的值分别为 0、0、0、70），填充文字，效果如图 8-26 所示。选取文字"新装开业"，设置文字颜色为橘黄色（其 C、M、Y、K 的值分别为 0、50、100、0），填充文字，效果如图 8-27 所示。

Waffle Bant
新装开业

图 8-26

Waffle Bant
新装开业

图 8-27

STEP⬎3 选择"选择"工具 ，按住 Shift 键的同时，选取上方英文文字，如图 8-28 所示。按 Shift+Ctrl+O 组合键，将文字转化为轮廓路径，效果如图 8-29 所示。

Waffle Bant
新装开业

图 8-28

Waffle Bant
新装开业

图 8-29

STEP⬎4 选择"直接选择"工具 ，用圈选的方法选取需要的锚点，如图 8-30 所示。向上拖曳锚点到适当的位置，效果如图 8-31 所示。

Waffle Bant
新装开业

图 8-30

Waffle Bant
新装开业

图 8-31

STEP⬎5 选择"直接选择"工具 ，用圈选的方法选取需要的锚点，如图 8-32 所示。向左拖曳锚点到适当的位置，效果如图 8-33 所示。

STEP⬎6 选择"选择"工具 ，用圈选的方法将文字图形同时选取，拖曳到页面中适当的位置并旋转到适当的角度，效果如图 8-34 所示。

STEP⬎7 选择"文字"工具 ，在适当的位置输入需要的文字。选择"选择"工具 ，在属性栏中选择合适的字体并设置文字大小，效果如图 8-35 所示。

图 8-32

图 8-33

图 8-34

图 8-35

STEP 8 保持文字处于被选取状态。设置文字颜色为浅灰色（其 C、M、Y、K 的值分别为 0、0、0、70），填充文字，并将其旋转到适当的角度，效果如图 8-36 所示。选择"椭圆"工具 ，按住 Shift 键的同时，在适当的位置绘制一个圆形，设置图形填充颜色为咖啡色（其 C、M、Y、K 值分别为 40、70、100、50），填充图形，并设置描边色为无，效果如图 8-37 所示。

图 8-36

图 8-37

STEP 9 选择"文字"工具 T ，在适当的位置输入需要的文字。选择"选择"工具 ，在属性栏中选择合适的字体并设置文字大小，按 Alt+↓组合键，调整文字行距，效果如图 8-38 所示。拖曳右上方的控制手柄，将其旋转到适当的角度，效果如图 8-39 所示。

图 8-38

图 8-39

8.1.4 添加其他相关信息

STEP 1 选择"矩形"工具 ▣，在适当的位置拖曳光标绘制一个矩形，设置图形填充颜色为棕色（其 C、M、Y、K 的值分别为 50、70、80、70），填充图形，并设置描边色为无，效果如图 8-40 所示。

STEP 2 选择"文字"工具 T，在适当的位置输入需要的文字。选择"选择"工具 ▶，在属性栏中选择合适的字体并设置文字大小，填充文字为白色，效果如图 8-41 所示。

图 8-40

图 8-41

STEP 3 选择"文字"工具 T，在适当的位置输入需要的文字。选择"选择"工具 ▶，在属性栏中选择合适的字体并设置文字大小，效果如图 8-42 所示。设置文字颜色为棕色（其 C、M、Y、K 的值分别为 50、70、80、70），填充文字，效果如图 8-43 所示。

店电新装修，菜单最更新
全场单品半价销售！
活动时间：2016.5.1-2016.10.1

图 8-42

店电新装修，菜单最更新
全场单品半价销售！
活动时间：2016.5.1-2016.10.1

图 8-43

STEP 4 选择"文字"工具 T，在适当的位置单击插入光标，如图 8-44 所示。选择"文字 > 字形"命令，在弹出的"字形"面板中按需要进行设置并选择需要的字形，如图 8-45 所示，双击鼠标左键插入字形，效果如图 8-46 所示。用相同的方法在适当的位置再次插入字形，效果如图 8-47 所示。

店电新装修，菜单最更新
全场单品半价销售！
活动时间：2016.5.1-2016.10.1

图 8-44

图 8-45

店电新装修，菜单最更新
●全场单品半价销售！
活动时间：2016.5.1-2016.10.1

图 8-46

店电新装修，菜单最更新
●全场单品半价销售！
●活动时间：2016.5.1-2016.10.1

图 8-47

8.1.5 制作标志图形

STEP 1 选择"椭圆"工具 ，按住 Shift 键的同时，在适当的位置绘制一个圆形，设置描边色为棕色（其 C、M、Y、K 的值分别为 50、70、80、70），填充描边，在属性栏中将"描边粗细"选项设为 2 pt，按 Enter 键，效果如图 8-48 所示。

STEP 2 保持图形处于被选取状态。设置图形填充颜色为黄色（其 C、M、Y、K 的值分别为 0、20、100、0），填充图形，效果如图 8-49 所示。

图 8-48　　　　　　　　　　　　　　　　图 8-49

STEP 3 选择"椭圆"工具 ，按住 Shift 键的同时，在适当的位置绘制一个圆形，设置图形填充颜色为棕色（其 C、M、Y、K 的值分别为 50、70、80、70），填充图形，并设置描边色为无，效果如图 8-50 所示。

STEP 4 选择"选择"工具 ，按住 Alt+Shift 组合键的同时，水平向右拖曳圆形到适当的位置，复制图形，效果如图 8-51 所示。连续按 Ctrl+D 组合键，再复制出多个圆形，效果如图 8-52 所示。

图 8-50　　　　　　　　图 8-51　　　　　　　　图 8-52

STEP 5 使用相同方法制作其他圆形，效果如图 8-53 所示。选择"钢笔"工具 ，在适当的位置绘制一个不规则闭合图形，设置图形填充颜色为棕色（其 C、M、Y、K 的值分别为 50、70、80、70），填充图形，并设置描边色为无，如图 8-54 所示。

STEP 6 选择"矩形"工具 ，在适当的位置拖曳光标绘制一个矩形，设置图形填充颜色为黄色（其 C、M、Y、K 的值分别为 0、20、100、0），填充图形，效果如图 8-55 所示。

图 8-53　　　　　　　　图 8-54　　　　　　　　图 8-55

STEP7 选择"文字"工具 T ，在适当的位置分别输入需要的文字。选择"选择"工具 ，在属性栏中分别选择合适的字体并设置文字大小，效果如图 8-56 所示。咖啡宣传单制作完成，效果如图 8-57 所示。

图 8-56

图 8-57

STEP8 按 Ctrl+S 组合键，弹出"存储为"对话框，将其命名为"咖啡宣传单"，保存为 AI 格式，单击"保存"按钮，将文件保存。

8.2 家具宣传单设计

案例学习目标

在 Photoshop 中，学习使用图层面板、画笔工具和渐变工具制作宣传单底图。在 Illustrator 中，学习使用绘图工具、文字工具、填充命令添加宣传语和其他相关信息。

案例知识要点

在 Photoshop 中，使用投影命令为图片添加投影效果，使用矩形选框工具、画笔工具和渐变工具制作高光图形，使用不透明度选项为高光图形添加半透明效果。在 Illustrator 中，使用绘图工具、文字工具、倾斜工具和直接选择工具添加并编辑标题文字，使用圆角矩形工具、矩形工具、镜像工具和文字工具制作标志图形，使用绘图工具和文字工具添加其他相关信息。家具宣传单效果如图 8-58 所示。

效果所在位置

资源包/Ch08/效果/家具宣传单设计/家具宣传单.ai。

图 8-58

Photoshop 应用

8.2.1　制作背景底图

STEP 1 打开 Photoshop 软件，按 Ctrl + N 组合键，新建一个文件：宽度为 21.6cm，高度为 30.3cm，分辨率为 300 像素/英寸，颜色模式为 RGB，背景内容为白色。将前景色设为橘黄色（其 R、G、B 的值分别为 237、112、28）。按 Alt+Delete 组合键，用前景色填充背景图层，效果如图 8-59 所示。

家具宣传单设计 1

STEP 2 按 Ctrl + O 组合键，打开资源包中的"Ch08 > 素材 > 家具宣传单设计 > 01"文件。选择"移动"工具 ，将图片拖曳到图像窗口中适当的位置，效果如图 8-60 所示。在"图层"控制面板中生成新的图层并将其命名为"家具"。

图 8-59　　　　　　　　　　　图 8-60

STEP 3 单击"图层"控制面板下方的"添加图层样式"按钮 ，在弹出的菜单中选择"投影"命令，弹出对话框，将阴影颜色设为橘红色（其 R、G、B 的值分别为 210、77、32），其他选项的设置如图 8-61 所示，单击"确定"按钮，效果如图 8-62 所示。

图 8-61　　　　　　　　　　　图 8-62

STEP 4 新建图层并将其命名为"高光"。将前景色设为黄色（其 R、G、B 的值分别为 245、191、45）。选择"矩形选框"工具 ，在图像窗口中绘制矩形选区，如图 8-63 所示。选择"画笔"工具 ，在属性栏中单击"画笔"选项右侧的按钮 ，在弹出的画笔面板中选择需要的画笔形状，如图 8-64 所示。在选区中拖曳鼠标绘制图像，效果如图 8-65 所示。按 Ctrl+D 组合键，取消选区。

图 8-63

图 8-64

图 8-65

STEP 5 单击"图层"控制面板下方的"添加图层蒙版"按钮，为"高光"图层添加图层蒙版，如图 8-66 所示。选择"渐变"工具，单击属性栏中的"点按可编辑渐变"按钮，弹出"渐变编辑器"对话框，将渐变色设为从黑色到白色，在图像窗口中从下向上拖曳光标填充渐变色，松开鼠标左键，效果如图 8-67 所示。

图 8-66

图 8-67

STEP 6 在"图层"控制面板上方，将"高光"图层的"不透明度"选项设为 64%，如图 8-68 所示，图像效果如图 8-69 所示。并将其拖曳到"家具"图层的下方，如图 8-70 所示，图像效果如图 8-71 所示。

图 8-68

图 8-69

图 8-70

图 8-71

STEP 7 家具宣传单底图制作完成。按 Ctrl+Shift+E 组合键，合并可见图层。按 Ctrl+Shift+S 组合键，弹出"存储为"对话框，将其命名为"家具宣传单底图"，保存为 TIFF 格式。单击"保存"按钮，弹出"TIFF 选项"对话框，单击"确定"按钮，将图像保存。

Illustrator 应用

8.2.2　添加并编辑标题文字

STEP 1 打开 Illustrator 软件，按 Ctrl+N 组合键，新建一个文档，设置文档的宽度为 210mm，高度为 297mm，取向为竖向，颜色模式为 CMYK，单击"确定"按钮。

STEP 2 选择"文件 > 置入"命令，弹出"置入"对话框，选择资源包中的"Ch08 > 效果 >家具宣传单设计 > 家具宣传单底图"文件，单击"置入"按钮，将图片置入到页面中。单击属性栏中的"嵌入"按钮，嵌入图片。选择"选择"工具 ，拖曳图片到适当的位置，效果如图 8-72 所示。

家具宣传单设计 2

STEP 3 选择"矩形"工具 ，在适当的位置拖曳光标绘制一个矩形，设置图形填充颜色为红色（其 C、M、Y、K 的值分别为 0、100、100、16），填充图形，并设置描边色为无，效果如图 8-73 所示。

图 8-72　　　　　　　　　　　图 8-73

STEP 4 选择"钢笔"工具 ，在适当的位置绘制一个不规则图形，设置图形填充颜色为深红色（其 C、M、Y、K 值分别为 0、35、85、0），填充图形，并设置描边色为无，效果如图 8-74 所示。按 Ctrl+[组合键，后移一层，效果如图 8-75 所示。

图 8-74　　　　　　　　　　　图 8-75

STEP 5 选择"文字"工具 ，在适当的位置分别输入需要的文字。选择"选择"工具 ，在属性栏中分别选择合适的字体并设置文字大小，效果如图 8-76 所示。将输入的文字同时选取，设置文字颜色为黄色（其 C、M、Y、K 的值分别为 0、0、100、0），填充文字，效果如图 8-77 所示。

图 8-76

图 8-77

STEP 6 选择"选择"工具 ▶，选取文字"年底"，如图 8-78 所示。双击"倾斜"工具 ⬚，弹出"倾斜"对话框，选项的设置如图 8-79 所示，单击"确定"按钮，效果如图 8-80 所示。使用相同方法制作其他文字倾斜效果，如图 8-81 所示。

图 8-78

图 8-79

图 8-80

图 8-81

STEP 7 选择"选择"工具 ▶，按住 Shift 键的同时，将文字同时选取，按 Shift+Ctrl+O 组合键，将文字转化为轮廓路径，效果如图 8-82 所示。选择"直接选择"工具 ▷，按住 Shift 键的同时，选取文字"冲"中需要的锚点，如图 8-83 所示。向下拖曳锚点到适当的位置，效果如图 8-84 所示。使用相同方法调整其他文字锚点，效果如图 8-85 所示。

图 8-82

图 8-83

图 8-84

图 8-85

8.2.3 制作会话框和标志

STEP 1 选择"椭圆"工具 ▢，按住 Shift 键的同时，在适当的位置绘制一个圆形，填充图形为黑色，并设置描边色为无，效果如图 8-86 所示。选择"添加锚点"工具 ▨，在圆形上分别单击鼠标左键，添加 3 个锚点，如图 8-87 所示。

图 8-86

图 8-87

STEP 2 选择"直接选择"工具 ▨，向左下方拖曳需要的锚点到适当的位置，效果如图 8-88 所示。按住 Shift 键的同时，依次单击添加的锚点将其同时选取，如图 8-89 所示。单击属性栏中的"将所选锚点转换为尖角"按钮 ▨，将其转换为尖角，效果如图 8-90 所示。

图 8-88

图 8-89

图 8-90

STEP 3 选择"文字"工具 ▣，在适当的位置输入需要的文字。选择"选择"工具 ▨，在属性栏中选择合适的字体并设置文字大小，按 Alt+↑组合键，调整文字行距，填充文字为白色，效果如图 8-91 所示。

STEP 4 选择"文字"工具 ▣，选取文字"11.11"，在属性栏中设置文字大小，效果如图 8-92 所示。选择"选择"工具 ▨，用圈选的方法将文字和图形同时选取，并将其拖曳到页面中适当的位置，效果如图 8-93 所示。

STEP 5 选择"圆角矩形"工具 ▢，在页面中单击鼠标左键，弹出"圆角矩形"对话框，选项的设置如图 8-94 所示，单击"确定"按钮，出现一个圆角矩形。选择"选择"工具 ▨，拖曳圆角矩形到适当的位置，设置图形填充颜色为红色（其 C、M、Y、K 的值分别为 0、100、100、33），填充图形，效果如图 8-95 所示。

图 8-91

图 8-92

图 8-93

图 8-94

图 8-95

STEP 6 选择"矩形"工具 ▣，在适当的位置拖曳光标绘制一个矩形，设置图形填充颜色为黄色（其 C、M、Y、K 的值分别为 0、0、100、0），填充图形，并设置描边色为无，效果如图 8-96 所示。

STEP 7 选择"直接选择"工具 ▷，选中矩形右上角的锚点，向下拖曳到适当的位置，效果如图 8-97 所示。选中矩形右下角的锚点，向上拖曳到适当的位置，效果如图 8-98 所示。

图 8-96

图 8-97

图 8-98

STEP 8 双击"镜像"工具 ▷◁，弹出"镜像"对话框，选项的设置如图 8-99 所示，单击"复制"按钮，效果如图 8-100 所示。选择"选择"工具 ▶，按住 Shift 键的同时，水平向右拖曳复制的图形到适当的位置，效果如图 8-101 所示。

STEP 9 选择"文字"工具 ⊤，在适当的位置分别输入需要的文字。选择"选择"工具 ▶，在属性栏中分别选择合适的字体并设置文字大小，效果如图 8-102 所示。选取文字"KS"，按 Alt+→组合键，调整文字间距，设置文字颜色为红色（其 C、M、Y、K 的值分别为 0、100、100、33），填充文字，效果如图 8-103 所示。

STEP 10 选取文字"义家"，设置文字颜色为黄色（其 C、M、Y、K 的值分别为 0、0、100、0），填充文字，效果如图 8-104 所示。

图 8-99

图 8-100

图 8-101

图 8-102

图 8-103

图 8-104

8.2.4　添加其他相关信息

STEP 1　选择"星形"工具，在页面中单击鼠标左键，弹出"星形"对话框，选项的设置如图 8-105 所示，单击"确定"按钮，出现一个多角星形。选择"选择"工具，拖曳图形到适当的位置，设置图形填充颜色为黄色（其 C、M、Y、K 的值分别为 0、0、100、0），填充图形，效果如图 8-106 所示。

图 8-105

图 8-106

STEP 2　选择"文字"工具，在适当的位置输入需要的文字。选择"选择"工具，在属性栏中选择合适的字体并设置文字大小，按 Alt+↑组合键，调整文字行距，效果如图 8-107 所示。设置文字颜色为大红色（其 C、M、Y、K 的值分别为 0、100、100、0），填充文字，效果如图 8-108 所示。

STEP 3　选择"矩形"工具，在适当的位置拖曳光标绘制一个矩形，在属性栏中将"描边粗细"选项设为 3pt，按 Enter 键，效果如图 8-109 所示。填充图形为白色并设置描边色为大红色（其 C、M、Y、K 的值分别为 0、100、100、0），填充描边，效果如图 8-110 所示。

图 8-107

图 8-108

图 8-109

图 8-110

STEP 4 选择"文字"工具 T，在适当的位置分别输入需要的文字。选择"选择"工具 ，在属性栏中分别选择合适的字体并设置文字大小，效果如图 8-111 所示。将输入的文字同时选取，设置文字颜色为灰色（其 C、M、Y、K 的值分别为 0、0、0、70），填充文字，效果如图 8-112 所示。

图 8-111

图 8-112

STEP 5 选择"矩形"工具 ，在适当的位置拖曳光标绘制一个矩形，设置描边色为大红色（其 C、M、Y、K 的值分别为 0、100、100、0），填充描边，效果如图 8-113 所示。选择"窗口 > 描边"命令，弹出"描边"面板，将"配置文件"选项设为"宽度配置文件 4"，其他选项的设置如图 8-114 所示，描边效果如图 8-115 所示。

图 8-113

图 8-114

图 8-115

STEP 6 选择"文字"工具 T，在适当的位置分别输入需要的文字。选择"选择"工具 ，在属性栏中分别选择合适的字体并设置文字大小，效果如图 8-116 所示。将输入的文字同时选取，设置文字颜色为大红色（其 C、M、Y、K 的值分别为 0、100、100、0），填充文字，效果如图 8-117 所示。

图 8-116　　　　　　　　　　　　图 8-117

STEP 7 选择"文字"工具 T，选取数字"12"，在属性栏中设置文字大小，效果如图 8-118 所示。使用相同方法选取其他需要的文字，在属性栏中设置文字大小，效果如图 8-119 所示。

图 8-118　　　　　　　　　　　　图 8-119

STEP 8 选择"圆角矩形"工具 ▢，在页面中单击鼠标左键，弹出"圆角矩形"对话框，选项的设置如图 8-120 所示，单击"确定"按钮，出现一个圆角矩形。选择"选择"工具 ▸，拖曳圆角矩形到适当的位置，设置图形填充颜色为红色（其 C、M、Y、K 的值分别为 0、100、100、33），填充图形，并设置描边色为无，效果如图 8-121 所示。

图 8-120　　　　　　　　　　　　图 8-121

STEP 9 选择"文字"工具 T，在适当的位置输入需要的文字。选择"选择"工具 ▸，在属性栏中选择合适的字体并设置文字大小。按 Alt+↑组合键，调整文字行距，效果如图 8-122 所示。家具宣传单制作完成，效果如图 8-123 所示。

图 8-122

图 8-123

STEP 10 按 Ctrl+S 组合键，弹出"存储为"对话框，将其命名为"家具宣传单"，保存为 AI 格式，单击"保存"按钮，将文件保存。

8.3 课后习题——MP3 宣传单设计

习题知识要点

在 Photoshop 中，使用钢笔工具、加深工具和减淡工具绘制装饰底图，使用自定形状工具和画笔工具绘制闪光心形，使用添加图层蒙版按钮和渐变工具制作心形渐隐效果，使用钢笔工具和画笔工具绘制装饰线条；在 Illustrator 中，使用倾斜工具为各个图片制作倾斜效果，使用剪切蒙版命令和矩形工具制作图片的蒙版效果，使用椭圆工具和路径查找器控制面板制作白色装饰底图。MP3 宣传单设计效果如图 8-124 所示。

效果所在位置

资源包/Ch08/效果/ MP3 宣传单设计/ MP3 宣传单.ai。

图 8-124

MP3 宣传单设计 1

MP3 宣传单设计 2

MP3 宣传单设计 3

Chapter

9

第 9 章
广告设计

广告以多样的形式出现在城市中，通过电视、报纸和霓虹灯等媒介来发布，是城市商业发展的写照。广告是重要的宣传媒体之一，具有实效性强、受众广泛、宣传力度大的特点。好的广告要强化视觉冲击力，抓住观众的视线。本章以洋酒广告和房地产广告设计为例，讲解广告的设计方法和制作技巧。

课堂学习目标

● 在 Photoshop 软件中制作广告背景图

● 在 Illustrator 软件中添加广告语、标志及其他相关信息

9.1 洋酒广告设计

⊕ 案例学习目标

在 Photoshop 中，学习使用图层面板、画笔工具和渐变工具制作广告背景图。在 Illustrator 中，学习使用文字工具、字符面板和建立剪切蒙版命令制作广告语。

⊕ 案例知识要点

在 Photoshop 中，使用添加图层蒙版按钮、画笔工具合成相关图片，使用透明度选项为图片添加半透明效果，使用垂直翻转命令、渐变工具制作倒影效果。在 Illustrator 中，使用文字工具、字符面板添加广告语，使用创建剪切蒙版命令为图片添加剪切蒙版效果。洋酒广告设计效果如图 9-1 所示。

⊕ 效果所在位置

资源包/Ch09/效果/洋酒广告设计/洋酒广告.ai。

图 9-1

Photoshop 应用

9.1.1 制作广告背景图

STEP↘1 打开 Photoshop 软件，按 Ctrl + N 组合键，新建一个文件：宽度为 32.5cm，高度为 18.3cm，分辨率为 150 像素/英寸，颜色模式为 RGB，背景内容为白色。将前景色设为黑色。按 Alt+Delete 组合键，用前景色填充背景图层，效果如图 9-2 所示。

STEP↘2 按 Ctrl + O 组合键，打开资源包中的"Ch09 > 素材 > 洋酒广告设计 > 01"文件。选择"移动"工具 ，将图片拖曳到图像窗口中适当的位置并调整其大小，如图 9-3 所示。在"图层"控制面板中生成新的图层并将其命名为"城堡"。

洋酒广告设计 1

图 9-2

图 9-3

STEP 3 单击"图层"控制面板下方的"添加图层蒙版"按钮 ，为"城堡"图层添加图层蒙版，如图 9-4 所示。选择"画笔"工具 ，在属性栏中单击"画笔"选项右侧的按钮 ，在弹出的画笔面板中选择需要的画笔形状，如图 9-5 所示。在图像窗口中拖曳光标擦除不需要的图像，效果如图 9-6 所示。

图 9-4　　　　　　　　　　图 9-5　　　　　　　　　　图 9-6

STEP 4 按 Ctrl + O 组合键，打开资源包中的"Ch09 > 素材 > 洋酒广告设计 > 02、03"文件。选择"移动"工具 ，将图片分别拖曳到图像窗口中适当的位置并调整其大小，如图 9-7 所示。在"图层"控制面板中分别生成新的图层并将其命名为"雕塑""宫殿"，如图 9-8 所示。

图 9-7　　　　　　　　　　　　　图 9-8

STEP 5 在"图层"控制面板上方，将"宫殿"图层的"不透明度"选项设为 60%，如图 9-9 所示，图像效果如图 9-10 所示。

图 9-9　　　　　　　　　　　　　图 9-10

STEP 6 按 Ctrl + O 组合键，打开资源包中的"Ch09 > 素材 > 洋酒广告设计 > 04、05"文件。选择"移动"工具 ，将图片分别拖曳到图像窗口中适当的位置并调整其大小，如图 9-11 所示。在"图层"控制面板中分别生成新的图层并将其命名为"灯""酒"。单击"图层"控制面板下方的"添加图层蒙版"按钮 ，为"酒"图层添加图层蒙版，如图 9-12 所示。

STEP 7 选择"画笔"工具 ，在属性栏中单击"画笔"选项右侧的按钮 ，在弹出的画笔面板中选择需要的画笔形状，如图 9-13 所示。在图像窗口中拖曳光标擦除不需要的图像，效果如图 9-14 所示。

图 9-11   图 9-12

图 9-13

图 9-14

STEP 8 将"酒"图层拖曳到"图层"控制面板下方的"创建新图层"按钮 上进行复制，生成新的图层"酒 拷贝"。按 Ctrl+T 组合键，图像周围出现变换框，按住 Shift 键的同时，将中心点垂直向下拖曳到下边中间位置，如图 9-15 所示。在变换框中单击鼠标右键，在弹出的菜单中选择"垂直翻转"命令，垂直翻转图像，按 Enter 键确认操作，效果如图 9-16 所示。

图 9-15

图 9-16

STEP 9 单击"酒 拷贝"图层的蒙版缩览图。选择"渐变"工具 ，单击属性栏中的"点按可编辑渐变"按钮 ，弹出"渐变编辑器"对话框，将渐变色设为黑色到白色，在图像窗口中拖曳光标填充渐变色，如图 9-17 所示，松开鼠标左键，效果如图 9-18 所示。

STEP 10 洋酒广告背景图制作完成。按 Ctrl+Shift+E 组合键，合并可见图层。按 Ctrl+S 组合键，弹出"存储为"对话框，将其命名为"洋酒广告背景图"，保存为 TIFF 格式。单击"保存"按钮，弹出"TIFF 选项"对话框，单击"确定"按钮，将图像保存。

图 9-17 　　　　　　　　　　　　　　　　图 9-18

Illustrator 应用

9.1.2 制作广告语

STEP 1 打开 Illustrator 软件，按 Ctrl+N 组合键，新建一个文档，设置文档的宽度为 373.5mm，高度为 207.5mm，取向为横向，颜色模式为 CMYK，单击"确定"按钮。

洋酒广告设计 2

STEP 2 选择"文件 > 置入"命令，弹出"置入"对话框，选择资源包中的"Ch09 > 效果 > 洋酒广告设计 > 洋酒广告背景图"文件，单击"置入"按钮，将图片置入到页面中。单击属性栏中的"嵌入"按钮，嵌入图片。选择"选择"工具，拖曳图片到适当的位置并调整其大小，效果如图 9-19 所示。

STEP 3 选择"文字"工具，在适当的位置输入需要的文字。选择"选择"工具，在属性栏中选择合适的字体并设置文字大小，按 Alt+←组合键，调整文字间距，填充文字为白色，效果如图 9-20 所示。

图 9-19 　　　　　　　　　　　　　　　　图 9-20

STEP 4 选择"文件 > 置入"命令，弹出"置入"对话框，选择资源包中的"Ch09 > 素材 > 洋酒广告设计 > 06"文件，单击"置入"按钮，将图片置入到页面中。单击属性栏中的"嵌入"按钮，嵌入图片。选择"选择"工具，拖曳图片到适当的位置并调整其大小，效果如图 9-21 所示。按 Ctrl+[组合键，后移一层，效果如图 9-22 所示。

图 9-21 　　　　　　　　　　　　　　　　图 9-22

STEP 5 选择"选择"工具 ，按住 Shift 键的同时，单击文字将其同时选取，如图 9-23 所示。按 Ctrl+7 组合键，建立剪切蒙版，效果如图 9-24 所示。

图 9-23

图 9-24

STEP 6 选择"文字"工具 T，在适当的位置分别输入需要的文字。选择"选择"工具，在属性栏中分别选择合适的字体并设置文字大小，按 Alt+→组合键，调整文字间距。将输入的文字同时选取，设置文字颜色为棕色（其 C、M、Y、K 的值分别为 33、55、65、0），填充文字，效果如图 9-25 所示。

STEP 7 选择"文字"工具 T，单击属性栏中的"居中对齐"按钮，在适当的位置输入需要的文字。选择"选择"工具，在属性栏中选择合适的字体并设置文字大小。设置文字颜色为棕色（其 C、M、Y、K 的值分别为 33、55、65、0），填充文字，效果如图 9-26 所示。

图 9-25

图 9-26

STEP 8 按 Ctrl+T 组合键，弹出"字符"控制面板，在"设置所选字符的字符间距调整"选项 文本框中输入 50，其他选项的设置如图 9-27 所示，按 Enter 键确认操作，效果如图 9-28 所示。

STEP 9 选择"文字"工具 T，单击属性栏中的"左对齐"按钮，在适当的位置输入需要的文字。选择"选择"工具，在属性栏中选择合适的字体并设置文字大小，填充文字为白色，效果如图 9-29 所示。

图 9-27　　　　　　图 9-28　　　　　　图 9-29

STEP 10 选择"文件 > 置入"命令，弹出"置入"对话框，选择资源包中的"Ch09 > 素材 > 洋酒广告设计 > 06"文件，单击"置入"按钮，将图片置入到页面中。单击属性栏中的"嵌入"按钮，嵌入图片。选择"选择"工具 ，拖曳图片到适当的位置并调整其大小，效果如图 9-30 所示。按 Ctrl+[组合键，后移一层，效果如图 9-31 所示。

图 9-30 图 9-31

STEP 11 选择"选择"工具 ，按住 Shift 键的同时，单击文字将其同时选取，按 Ctrl+7 组合键，建立剪切蒙版，效果如图 9-32 所示。

STEP 12 选择"文字"工具 T，在适当的位置输入需要的文字。选择"选择"工具 ，在属性栏中选择合适的字体并设置文字大小，按 Alt+→组合键，调整文字间距。设置文字颜色为棕色（其 C、M、Y、K 的值分别为 33、55、65、0），填充文字，效果如图 9-33 所示。

图 9-32 图 9-33

STEP 13 选择"选择"工具 ，按住 Shift 键的同时，依次单击文字将其同时选取，如图 9-34 所示。单击属性栏中的"水平居中对齐"按钮 ，对齐效果如图 9-35 所示。洋酒广告制作完成。

图 9-34 图 9-35

STEP 14 按 Ctrl+S 组合键，弹出"存储为"对话框，将其命名为"洋酒广告"，保存为 AI 格式，单击"保存"按钮，将文件保存。

9.2 房地产广告设计

案例学习目标

在 Photoshop 中，学习使用图层面板和渐变工具制作广告背景图。在 Illustrator 中，学习使用绘图工具、文字工具和填色命令制作标志和宣传性文字。

案例知识要点

在 Photoshop 中，使用添加图层蒙版按钮、渐变工具制作图片渐隐效果。在 Illustrator 中，使用矩形网格工具绘制需要的网格，使用实时上色工具为网格填充颜色，使用矩形工具、倾斜工具和文字工具制作标志图形，使用椭圆工具、钢笔工具、直线段工具和文字工具制作价格标牌，使用文字工具、字符面板添加宣传性文字。房地产广告设计效果如图 9-36 所示。

效果所在位置

资源包/Ch09/效果/房地产广告设计/房地产广告.ai。

图 9-36

Photoshop 应用

9.2.1 制作背景图

STEP 1 打开 Photoshop 软件，按 Ctrl + N 组合键，新建一个文件：宽度为 18.9cm，高度为 22cm，分辨率为 300 像素/英寸，颜色模式为 RGB，背景内容为白色。

STEP 2 按 Ctrl + O 组合键，打开资源包中的"Ch09 > 素材 > 房地产广告设计 > 01、02"文件。选择"移动"工具 ，将图片分别拖曳到图像窗口中适当的位置并调整其大小，效果如图 9-37 所示。在"图层"控制面板中生成新的图层并将其命名为"人物""楼层"。单击"图层"控制面板下方的"添加图层蒙版"按钮 ，为"楼层"图层添加图层蒙版，如图 9-38 所示。

房地产广告设计 1

STEP 3 选择"渐变"工具 ，单击属性栏中的"点按可编辑渐变"按钮 ，弹出"渐变编辑器"对话框，将渐变色设为从黑色到白色，在图像窗口中拖曳光标填充渐变色，松开鼠标左键，效果如图 9-39 所示。

STEP 4 按 Ctrl + O 组合键，打开资源包中的"Ch09 > 素材 > 房地产广告设计 > 03"文件。选择"移动"工具 ，将图片拖曳到图像窗口中适当的位置并调整其大小，如图 9-40 所示。在"图层"控制面板中生成新的图层并将其命名为"夜景"。

图 9-37

图 9-38

图 9-39

图 9-40

STEP 5 单击"图层"控制面板下方的"添加图层蒙版"按钮 ⬜，为"夜景"图层添加图层蒙版，如图 9-41 所示。选择"渐变"工具 ⬛，在图像窗口中拖曳光标填充渐变色，松开鼠标左键，效果如图 9-42 所示。

STEP 6 房地产广告背景图制作完成。按 Ctrl+Shift+E 组合键，合并可见图层。按 Ctrl+Shift+S 组合键，弹出"存储为"对话框，将其命名为"房地产广告背景图"，并保存为 TIFF 格式。单击"保存"按钮，弹出"TIFF 选项"对话框，单击"确定"按钮，将图像保存。

图 9-41

图 9-42

Illustrator 应用

9.2.2　添加并编辑网格

STEP 1 打开 Illustrator 软件，按 Ctrl+N 组合键，新建一个文档，设置文档的宽度为 210mm，高度为 297mm，取向为竖向，颜色模式为 CMYK，单击"确定"按钮。

STEP 2 选择"矩形"工具 ⬜，在适当的位置拖曳光标绘制一个矩形，设置图形填充颜色为青色（其 C、M、Y、K 的值分别为 100、0、0、0），填充图形，并设置描边色为无，效果如图 9-43 所示。

STEP 3 选择"文件 > 置入"命令，弹出"置入"对话框，选择资源包中的"Ch09 > 效果 > 房地产广告设计 > 房地产广告背景图"文件，单击"置入"按钮，将图片置入到页面中。单击属性栏中的"嵌入"按钮，嵌入图片。选择"选择"工具，拖曳图片到适当的位置并调整其大小，效果如图 9-44 所示。

图 9-43　　　　　　　　　　图 9-44

STEP 4 选择"矩形网格"工具，在页面中单击鼠标左键，弹出"矩形网格工具选项"对话框，选项的设置如图 9-45 所示，单击"确定"按钮，出现一个网格图形。设置描边色为浅蓝色（其 C、M、Y、K 的值分别为 40、0、0、0），填充描边，在属性栏中将"描边粗细"选项设为 2pt，按 Enter 键，效果如图 9-46 所示。

STEP 5 选择"选择"工具，按住 Shift 键的同时，单击下方图片将其同时选取，分别单击属性栏中的"水平左对齐"按钮和"垂直顶对齐"按钮，对齐效果如图 9-47 所示。选取网格图形，按 Ctrl+C 组合键，复制图形。在属性栏中将"不透明度"选项设为 50%，取消选取状态，效果如图 9-48 所示。

图 9-45　　　　　　图 9-46　　　　　　图 9-47　　　　　　图 9-48

STEP 6 按 Ctrl+F 组合键，将复制的图形粘贴在前面，设置描边色为无，如图 9-49 所示。选择"实时上色"工具，设置填充颜色为白色，将光标置于网格对象中，如图 9-50 所示，单击鼠标左键，填充图形，效果如图 9-51 所示。

图 9-49   图 9-50   图 9-51

STEP 7 将光标置于下一个网格对象中，如图 9-52 所示，单击鼠标左键，填充图形，效果如图 9-53 所示。使用相同方法填充其他网格，效果如图 9-54 所示。

图 9-52   图 9-53   图 9-54

9.2.3 制作标志图形

STEP 1 选择"矩形"工具 ▣，在适当的位置拖曳光标绘制一个矩形，填充描边为白色，在属性栏中将"描边粗细"选项设为 4pt，按 Enter 键，效果如图 9-55 所示。设置图形填充颜色为红色（其 C、M、Y、K 值分别为 0、100、100、0），填充图形，效果如图 9-56 所示。

图 9-55   图 9-56

STEP 2 双击"倾斜"工具 ⫶，弹出"倾斜"对话框，选项的设置如图 9-57 所示，单击"确定"按钮，效果如图 9-58 所示。

STEP 3 选择"选择"工具 ▶，按住 Alt 键的同时，向下拖曳图形到适当的位置，复制图形，并调整其大小，效果如图 9-59 所示。设置图形填充颜色为洋红色（其 C、M、Y、K 值分别为 0、100、0、0），填充图形，效果如图 9-60 所示。

图 9-57　　　　　　　　　　　　　　图 9-58

图 9-59　　　　　　　　　　　　　　图 9-60

STEP 4 选择"选择"工具 ，按住 Alt 键的同时，向右拖曳图形到适当的位置，复制图形，并调整其大小。设置图形填充颜色为蓝色（其 C、M、Y、K 值分别为 100、100、0、0），填充图形，效果如图 9-61 所示。使用相同方法再复制一个图形，填充图形为绿色（其 C、M、Y、K 值分别为 100、0、100、0），效果如图 9-62 所示。

图 9-61　　　　　　　　　　　　　　图 9-62

STEP 5 选择"文字"工具 ，在适当的位置分别输入需要的文字。选择"选择"工具 ，在属性栏中分别选择合适的字体并设置文字大小，效果如图 9-63 所示。选取文字"海龙时间广场"，设置文字颜色为灰色（其 C、M、Y、K 的值分别为 0、0、0、80），填充文字，效果如图 9-64 所示。

图 9-63　　　　　　　　　　　　　　图 9-64

STEP 6 选择"文字"工具 T，在适当的位置单击插入光标，如图 9-65 所示。选择"文字 > 字形"命令，在弹出的"字形"面板中按需要进行设置并选择需要的字形，如图 9-66 所示，双击鼠标左键插入字形，效果如图 9-67 所示。用相同的方法在适当的位置再次插入字形，效果如图 9-68 所示。

图 9-65   图 9-66

图 9-67   图 9-68

STEP 7 选择"选择"工具 �C，选取文字，按 Ctrl+T 组合键，弹出"字符"控制面板，在"设置所选字符的字符间距调整"选项 ⁣文本框中输入 950，其他选项设置如图 9-69 所示，按 Enter 键确认操作，效果如图 9-70 所示。

STEP 8 选择"选择"工具 ▷，按住 Shift 键的同时，将图形和文字同时选取，并将其拖曳到页面中适当的位置，效果如图 9-71 所示。

图 9-69   图 9-70   图 9-71

9.2.4 添加宣传性文字

STEP 1 选择"文字"工具 T，在适当的位置分别输入需要的文字。选择"选择"工具 ▷，在属性栏中分别选择合适的字体并设置文字大小，效果如图 9-72 所示。按 Shift 键的同时，选取需要的文字，设置文字颜色为洋红色（其 C、M、Y、K 的值分别为 0、100、0、0），填充文字，效果如图 9-73 所示。

图 9-72   图 9-73

STEP 2 选择"直线段"工具 ⟋，按住 Shift 键的同时，在适当的位置绘制一条直线，在属性栏中将"描边粗细"选项设为 0.5pt，按 Enter 键，效果如图 9-74 所示。

STEP 3 选择"选择"工具 ▶，按住 Alt+Shift 键的同时，垂直向下拖曳直线到适当的位置，复制直线，效果如图 9-75 所示。

图 9-74   图 9-75

STEP 4 选择"选择"工具 ▶，选取背景矩形，如图 9-76 所示，按 Ctrl+C 组合键，复制图形，按 Ctrl+F 组合键，将复制的图形粘贴在前面。向下拖曳上边中间的控制手柄到适当的位置，调整其大小，填充图形为白色，效果如图 9-77 所示。使用相同方法复制其他图形，并填充相应的颜色，效果如图 9-78 所示。

图 9-76   图 9-77   图 9-78

STEP 5 选择"文字"工具 T，在适当的位置输入需要的文字。选择"选择"工具 ▶，在属性栏中选择合适的字体并设置文字大小，填充文字颜色为白色，效果如图 9-79 所示。

STEP 6 选择"椭圆"工具 ⬭，按住 Shift 键的同时，在适当的位置拖曳光标绘制一个圆形，填充描边为白色，在属性栏中将"描边粗细"选项设为 1pt，按 Enter 键，效果如图 9-80 所示。

图 9-79   图 9-80

STEP 7 保持图形处于被选取状态。选择"对象 > 变换 > 缩放"命令，在弹出的"比例缩放"对话框中进行设置，如图 9-81 所示，单击"复制"按钮，效果如图 9-82 所示。

图 9-81   图 9-82

STEP 8 选择"钢笔"工具，在适当的位置分别绘制曲线，填充描边为白色，在属性栏中将"描边粗细"选项设为 1pt，按 Enter 键，效果如图 9-83 所示。

STEP 9 选择"文字"工具 T，在适当的位置分别输入需要的文字。选择"选择"工具，在属性栏中分别选择合适的字体并设置文字大小，填充文字为白色，效果如图 9-84 所示。

图 9-83   图 9-84

STEP 10 选择"文字"工具 T，选取数字"2"，选择"字符"控制面板，在"设置基线偏移"选项 文本框中输入 5pt，其他选项设置如图 9-85 所示，按 Enter 键确认操作，效果如图 9-86 所示。

STEP 11 选择"直线段"工具，按住 Shift 键的同时，在适当的位置绘制一条直线，填充描边为白色，在属性栏中将"描边粗细"选项设为 1pt，按 Enter 键，效果如图 9-87 所示。

STEP 12 选择"选择"工具，按住 Alt+Shift 键的同时，垂直向下拖曳直线到适当的位置，复制直线，效果如图 9-88 所示。使用相同方法绘制其他直线，效果如图 9-89 所示。

图 9-85

图 9-86

图 9-87

图 9-88

图 9-89

STEP 13 选择"选择"工具 ▶，按住 Shift 键的同时，选取需要的图形和文字，如图 9-90 所示，将光标移动到右上角的控制手柄上，光标变为旋转图标 ↰，向上拖曳并将其旋转到适当的角度，效果如图 9-91 所示。

图 9-90

图 9-91

STEP 14 选择"文字"工具 T，在适当的位置分别输入需要的文字。选择"选择"工具 ▶，在属性栏中分别选择合适的字体并设置文字大小，效果如图 9-92 所示。将输入的文字同时选取，设置文字颜色为蓝色（其 C、M、Y、K 的值分别为 100、100、0、0），填充文字，效果如图 9-93 所示。

图 9-92

图 9-93

STEP 15 选择"文字"工具 T，选取文字"贵宾热线："，选择"字符"控制面板，在"设置基线偏移"选项 ᴬ文本框中输入-6.5pt，其他选项设置如图 9-94 所示，按 Enter 键确认操作，效果如图 9-95 所示。

图 9-94

图 9-95

STEP 16 选择"直线段"工具 ✐，按住 Shift 键的同时，在适当的位置绘制一条直线，填充描边为白色，效果如图 9-96 所示。选择"窗口 > 描边"命令，弹出"描边"控制面板，勾选"虚线"复选框，其他选项的设置如图 9-97 所示，按 Enter 键，效果如图 9-98 所示。房地产广告制作完成，效果如图 9-99 所示。

图 9-96

图 9-97

图 9-98

图 9-99

STEP 17 按 Ctrl+S 组合键，弹出"存储为"对话框，将其命名为"房地产广告"，保存为 AI 格式，单击"保存"按钮，将文件保存。

9.3 课后习题——电脑促销广告设计

习题知识要点

通过背景的天空和草地，营造出宽广、自然的氛围，给人亲切感；中心的电脑与四周的蝴蝶、乐器和音符形成对比，展现出动、静之间的有力融合，起到呼应宣传语和突出主题的作用；宣传语的设计美观大方、醒目突出，同时突出销售的主要特点，使人印象深刻。电脑促销广告效果如图9-100所示。

效果所在位置

资源包/Ch09/效果/电脑促销广告设计/电脑促销广告.ai。

图 9-100

电脑促销广告设计 1

电脑促销广告设计 2

Chapter

10

第 10 章
招贴设计

招贴具有画面大、内容广泛、艺术表现力丰富和远视效果强烈的特点，在表现广告主题的深度和增加艺术魅力、审美效果方面十分出色。本章以促销招贴和汽车招贴设计为例，讲解招贴的设计方法和制作技巧。

课堂学习目标

- 在 Photoshop 软件中制作背景图和产品图片

- 在 Illustrator 软件中制作宣传语及其他的相关信息

10.1 促销招贴设计

在 Photoshop 中，学习使用图层面板、绘图工具和画笔工具制作宣传背景和宣传语。在 Illustrator 中，学习使用绘图工具、文字工具和字符面板制作宣传主体部分和其他宣传信息。

在 Photoshop 中，使用钢笔工具绘制背景效果，使用横排文字工具、字符面板和钢笔工具制作宣传语，使用矩形工具、钢笔工具和移动工具添加产品图片，使用圆角矩形工具、自定形状工具和横排文字工具制作搜索栏。在 Illustrator 中，使用文本工具和字符面板添加其他信息，使用椭圆工具、钢笔工具和文本工具制作宣传主体部分。促销招贴设计效果如图 10-1 所示。

资源包/Ch10/效果/促销招贴设计/促销招贴.ai。

图 10-1

Photoshop 应用

10.1.1 制作宣传语

STEP🔥1 打开 Photoshop 软件，按 Ctrl + N 组合键，新建一个文件：宽度为 21cm，高度为 29.7cm，分辨率为 300 像素/英寸，颜色模式为 RGB，背景内容为白色。将前景色设为红色（其 R、G、B 的值分别为 195、13、35），按 Alt+Delete 组合键，用前景色填充"背景"图层，效果如图 10-2 所示。

促销招贴设计 1

STEP🔥2 将前景色设为暗红色（其 R、G、B 的值分别为 178、7、23）。选择"钢笔"工具，在属性栏的"选择工具模式"选项中选择"形状"，在图像窗口中绘制形状，如图 10-3 所示，在"图层"控制面板中生成新的图层"形状 1"。用相同的方法绘制其他形状，效果如图 10-4 所示。在"图层"控制面板中，按住 Shift 键的同时，将形状图层同时选取，按 Ctrl+G 组合键，群组图层，效果如图 10-5 所示。

STEP🔥3 将前景色设为白色。选择"横排文字"工具，在适当的位置输入需要的文字并选取文字，在属性栏中选择合适的字体并设置文字大小，效果如图 10-6 所示，在"图层"控制面板中生成新的文字图层。选择"窗口 > 字符"命令，在弹出的面板中进行设置，如图 10-7 所示，按 Enter 键，效果如图 10-8 所示。

图 10-2　　　　　图 10-3　　　　　图 10-4　　　　　图 10-5

图 10-6　　　　　图 10-7　　　　　图 10-8

STEP 4 在文字图层上单击鼠标右键，在弹出的菜单中选择"栅格化图层"命令，栅格化图层，效果如图 10-9 所示。选择"钢笔"工具 ，在属性栏的"选择工具模式"选项中选择"路径"，在图像窗口中绘制路径，如图 10-10 所示。按 Ctrl+Enter 组合键，将路径转换为选区，如图 10-11 所示。

图 10-9　　　　　　　图 10-10　　　　图 10-11

STEP 5 按 Alt+Delete 组合键，用前景色填充选区。按 Ctrl+D 组合键，取消选区，效果如图 10-12 所示。用相同的方法在文字上绘制其他图形，效果如图 10-13 所示。将"直降最风暴"图层拖曳到"创建新图层"按钮 上进行复制，生成新的拷贝图层，如图 10-14 所示。

STEP 6 选中"直降最风暴"图层。单击"图层"控制面板下方的"添加图层样式"按钮 ，在弹出的菜单中选择"投影"命令，在弹出的对话框中进行设置，如图 10-15 所示，单击"确定"按钮，效果如图 10-16 所示。

图 10-12   图 10-13   图 10-14

图 10-15   图 10-16

STEP 7 在"图层"控制面板上方，将"直降最风暴"图层的"不透明度"选项设为 80%，如图 10-17 所示，图像效果如图 10-18 所示。

图 10-17   图 10-18

STEP 8 选择"直降最风暴 拷贝"图层。选择"多边形套索"工具，单击属性栏中的"添加到选区"按钮，在适当的位置绘制选区，如图 10-19 所示。按 Delete 键，删除选区中的图像，按 Ctrl+D 组合键，取消选区，效果如图 10-20 所示。

STEP 9 新建图层并将其命名为"黄色块"。将前景色设为黄色（其 R、G、B 的值分别为 255、243、46）。选择"钢笔"工具，在属性栏的"选择工具模式"选项中选择"路径"，在图像窗口中绘制路径，按 Ctrl+Enter 组合键，将路径转换为选区，按 Alt+Delete 组合键，用前景色填充选区，取消选区后如图 10-21 所示。按 Ctrl+Alt+G 组合键，创建剪切蒙版，效果如图 10-22 所示。

图 10-19

图 10-20

图 10-21

图 10-22

STEP 10 新建图层并将其命名为"蓝色块"。将前景色设为蓝色（其 R、G、B 的值分别为 48、160、255）。选择"钢笔"工具 ✐ ，在图像窗口中绘制路径，按 Ctrl+Enter 组合键，将路径转换为选区，按 Alt+Delete 组合键，用前景色填充选区，取消选区后如图 10-23 所示。按 Ctrl+Alt+G 组合键，创建剪切蒙版，效果如图 10-24 所示。

图 10-23

图 10-24

STEP 11 新建图层并将其命名为"黄色圆"。将前景色设为黄色（其 R、G、B 的值分别为 255、243、46）。选择"椭圆"工具 ⬭ ，按住 Shift 键的同时，在适当的位置绘制圆形，如图 10-25 所示。

STEP 12 按 Ctrl + O 组合键，打开资源包中的"Ch10 > 素材 > 促销招贴设计 > 01"文件。选择"移动"工具 ⊹ ，将图片拖曳到图像窗口中适当的位置，并调整其大小，效果如图 10-26 所示，在"图层"控制面板中生成新图层并将其命名为"电器"。

图 10-25

图 10-26

STEP 13 按 Ctrl + O 组合键，打开资源包中的"Ch10 > 素材 > 促销招贴设计 > 02"文件。选择"移动"工具 ⊹ ，将图片拖曳到图像窗口中适当的位置，并调整其大小，效果如图 10-27 所示，在

"图层"控制面板中生成新图层并将其命名为"标签"。

STEP⤵14 按 Ctrl＋O 组合键，打开资源包中的"Ch10 > 素材 > 促销招贴设计 > 03"文件。
选择"移动"工具 ⤵ ，将图片拖曳到图像窗口中适当的位置，并调整其大小，效果如图 10-28 所示，在
"图层"控制面板中生成新图层并将其命名为"品质保障"。按住 Shift 键的同时，单击"直降最风暴"图
层，将需要的图层同时选取。按 Ctrl+G 组合键，群组图层，效果如图 10-29 所示。

图 10-27

图 10-28

图 10-29

10.1.2　添加产品图片

STEP⤵1 新建图层并将其命名为"色块"。选择"矩形选框"工具 ▢ ，在图像
窗口中绘制矩形选区，如图 10-30 所示。选择"渐变"工具 ▣ ，单击属性栏中的"点按
可编辑渐变"按钮 ，弹出"渐变编辑器"对话框，在"位置"选项中分别输入
0、46、100 三个位置点，分别设置三个位置点颜色的 RGB 值为 0（245、242、206）、
46（224、193、128）、100（244、240、203），如图 10-31 所示，单击"确定"按钮。
按住 Shift 键的同时，在矩形选区中从左到右拖曳光标填充渐变色，按 Ctrl+D 组合键，取消选区，效果如
图 10-32 所示。

促销招贴设计 2

图 10-30

图 10-31

图 10-32

STEP⤵2 将前景色设为红色（其 R、G、B 的值分别为 178、7、23）。选择"矩形"工具 ▢ ，
在适当的位置绘制矩形，在属性栏的"选择工具模式"选项中选择"形状"，如图 10-33 所示。再绘制一
个矩形形状，将属性栏中的"颜色"选项设为蓝色（其 R、G、B 的值分别为 23、42、236），效果如图
10-34 所示。

STEP⤵3 新建图层并将其命名为"蓝色形状"。将前景色设为暗蓝色（其 R、G、B 的值分别为 0、
15、88）。选择"钢笔"工具 ✐ ，在图像窗口中绘制形状，如图 10-35 所示。选择"移动"工具 ⤵ ，

将形状拖曳到适当的位置，效果如图 10-36 所示，在"图层"控制面板中生成新的拷贝图层。

图 10-33　　　　　　　　　　　　　　　　　　图 10-34

图 10-35　　　　　　　　　　　　　　　　　　图 10-36

STEP 4 按 Ctrl+T 组合键，在图像周围出现变换框，单击鼠标右键，在弹出的菜单中选择"水平翻转"命令，水平翻转图像，按 Enter 键确认操作，效果如图 10-37 所示。按住 Shift 键的同时，单击"蓝色形状"图层，将两个图层同时选取，拖曳到"蓝色矩形"图层的下方，如图 10-38 所示。

图 10-37　　　　　　　　　　　　　　　　　　图 10-38

STEP 5 选择"蓝色矩形"图层。按 Ctrl + O 组合键，打开资源包中的"Ch10 > 素材 > 促销招贴设计 > 04"文件。选择"移动"工具 ，将图片拖曳到图像窗口中适当的位置，并调整其大小，效果如图 10-39 所示，在"图层"控制面板中生成新图层并将其命名为"电器 1"。按住 Shift 键的同时，单击"红色形状"图层，将需要的图层同时选取，按 Ctrl+G 组合键，群组图层，如图 10-40 所示。

图 10-39　　　　　　　　　　　　　　　　　　图 10-40

STEP 6 选择"移动"工具 ，按住 Alt 键的同时，将群组图形拖曳到适当的位置，效果如图

10-41 所示，在"图层"控制面板中生成新的拷贝图层组。选取"电器 1 拷贝"图层，并拖曳到"删除图层"按钮 🗑 上，删除图层，效果如图 10-42 所示。

图 10-41   图 10-42

STEP 7 按 Ctrl + O 组合键，打开资源包中的"Ch10 > 素材 > 促销招贴设计 > 05"文件。选择"移动"工具 ➕ ，将图片拖曳到图像窗口中适当的位置，并调整其大小，效果如图 10-43 所示，在"图层"控制面板中生成新图层并将其命名为"电器 2"。隐藏"群组 3 拷贝"图层组中的图层。用上述方法制作另一个产品图形，效果如图 10-44 所示。

图 10-43   图 10-44

STEP 8 将前景色设为橙色（其 R、G、B 的值分别为 226、136、5）。选择"钢笔"工具 ✎ ，在图像窗口中绘制形状，如图 10-45 所示。单击"图层"控制面板下方的"添加图层样式"按钮 **fx** ，在弹出的菜单中选择"渐变叠加"命令，弹出对话框，单击"渐变"选项右侧的"点按可编辑渐变"按钮 ▥ ▾ ，弹出"渐变编辑器"对话框，将渐变颜色设为从橙黄色（其 R、G、B 的值分别为 254、206、0）到浅黄色（其 R、G、B 的值分别为 255、239、154），如图 10-46 所示，单击"确定"按钮。返回"渐变叠加"对话框，其他选项的设置如图 10-47 所示，单击"确定"按钮，效果如图 10-48 所示。

STEP 9 单击"图层"控制面板下方的"添加图层蒙版"按钮 ▣ ，为"形状 8"图层添加图层蒙版，如图 10-49 所示。将前景色设为黑色。选择"画笔"工具 ✐ ，在属性栏中单击"画笔"选项右侧的按钮 ▾ ，在弹出的面板中选择需要的画笔形状，将"大小"选项设为 100 像素，如图 10-50 所示，在图像窗口中拖曳光标擦除不需要的图像，效果如图 10-51 所示。

图 10-45   图 10-46   图 10-47

图 10-48　　　　　　　　图 10-49　　　　　　　　图 10-50　　　　　　　　图 10-51

STEP 10 将前景色设为红色（其 R、G、B 的值分别为 199、0、23）。选择"钢笔"工具 ，
在图像窗口中绘制形状，如图 10-52 所示，在"图层"控制面板中生成新的形状图层。在面板上方将该图
层的"不透明度"选项设为 50%，如图 10-53 所示，图像效果如图 10-54 所示。

图 10-52　　　　　　　　图 10-53　　　　　　　　图 10-54

STEP 11 在"图层"控制面板上方，将"形状 9"图层拖曳到"形状 8"图层的下方，如图 10-55
所示，图像效果如图 10-56 所示。

图 10-55　　　　　　　　图 10-56

STEP 12 将前景色设为白色。选择"横排文字"工具 ，在适当的位置输入需要的文字并选取
文字，在属性栏中选择合适的字体并设置文字大小，效果如图 10-57 所示，在"图层"控制面板中生成新
的文字图层。在"字符"面板中进行设置，如图 10-58 所示，按 Enter 键确认操作，效果如图 10-59 所示。

STEP 13 选择"横排文字"工具 ，选取上方的文字，在"字符"面板中进行设置，如图 10-60
所示，按 Enter 键确认操作，效果如图 10-61 所示。选取下方的文字，在"字符"面板中进行设置，如图
10-62 所示，按 Enter 键确认操作，效果如图 10-63 所示。

图 10-57 图 10-58 图 10-59

图 10-60 图 10-61 图 10-62 图 10-63

STEP✑14 按 Ctrl+T 组合键，图像周围出现变换框，在变换框中单击鼠标右键，在弹出的菜单中选择"斜切"命令，向上拖曳右侧中间的控制手柄到适当的位置，按 Enter 键确认操作，效果如图 10-64 所示。

STEP✑15 单击"图层"控制面板下方的"添加图层样式"按钮 **fx.**，在弹出的菜单中选择"颜色叠加"命令，弹出对话框，将叠加颜色设为暗红色（其 R、G、B 的值分别为 88、0、0），其他选项的设置如图 10-65 所示；选择"外发光"选项，将发光颜色设为白色，其他选项的设置如图 10-66 所示，单击"确定"按钮，效果如图 10-67 所示。隐藏"组 3 拷贝 2"图层组的图层。按住 Shift 键的同时，单击"色块"图层，将需要的图层同时选取，按 Ctrl+G 组合键，群组图层，如图 10-68 所示。

图 10-64 图 10-65

图 10-66

图 10-67

图 10-68

10.1.3 制作搜索栏

STEP 1 新建图层并将其命名为"红色圆角矩形"。将前景色设为粉红色（其 R、G、B 的值分别为 243、49、0）。选择"圆角矩形"工具 ，在属性栏的"选择工具模式"选项中选择"像素"，将"半径"选项设为 35 像素，在图像窗口中绘制圆角矩形，如图 10-69 所示。

促销招贴设计 3

图 10-69

STEP 2 在适当的位置再绘制一个圆角矩形,在属性栏中将"颜色"选项设为白色,效果如图 10-70 所示。单击"图层"控制面板下方的"添加图层样式"按钮 **fx.**,在弹出的菜单中选择"内阴影"命令,弹出对话框,将阴影颜色设为暗红色（其 R、G、B 的值分别为 143、29、1）,其他选项的设置如图 10-71 所示,单击"确定"按钮,效果如图 10-72 所示。

STEP 3 将前景色设为黑色。选择"横排文字"工具 **T.**,在适当的位置输入需要的文字并选取文字,在属性栏中选择合适的字体并设置文字大小,效果如图 10-73 所示,在"图层"控制面板中生成新的文字图层。

图 10-70

图 10-71

图 10-72   详情请登陆：http://www.tejiawang12.com/

                                            图 10-73

STEP 4 选择"横排文字"工具 T，选取需要的文字，在属性栏中将"颜色"选项设为白色，按 Enter 键确认操作，效果如图 10-74 所示。选取其他文字，在属性栏中将"颜色"选项设为灰色（其 R、G、B 的值分别为 67、67、67），按 Enter 键确认操作，效果如图 10-75 所示。

详情请登陆：http://www.tejiawang12.com/   详情请登陆：http://www.tejiawang12.com/

图 10-74   图 10-75

STEP 5 新建图层并将其命名为"搜索"。将前景色设为白色。选择"自定形状"工具 ，单击属性栏中的"形状"选项，弹出"形状"面板，单击面板右上方的按钮 ，在弹出的菜单中选择"全部"命令，弹出提示对话框，单击"确定"按钮。在"形状"面板中选中图形"搜索"，如图 10-76 所示。在属性栏的"选择工具模式"选项中选择"形状"，在图像窗口中拖曳光标绘制形状，如图 10-77 所示。

图 10-76

详情请登陆：http://www.tejiawang12.com/   Q

图 10-77

STEP 6 按 Ctrl+T 组合键，在图像周围出现变换框，单击鼠标右键，在弹出的菜单中选择"水平翻转"命令，水平翻转图像，按 Enter 键确认操作，效果如图 10-78 所示。促销海报背景绘制完成，效果如图 10-79 所示。

STEP 7 按住 Shift 键的同时，单击"红色圆角矩形"图层，将需要的图层同时选取，按 Ctrl+G 组合键，群组图层，如图 10-80 所示。按 Shift+Ctrl+E 组合键，合并可见图层。按 Ctrl+S 组合键，弹出"存储为"对话框，将其命名为"促销海报背景"，保存为 JPEG 格式，单击"保存"按钮，弹出"JPEG 选项"对话框，单击"确定"按钮，将图像保存。

详情请登陆：http://www.tejiawang12.com/   Q

图 10-78   图 10-79   图 10-80

Illustrator 应用

10.1.4　添加其他信息

STEP 1 打开 Illustrator 软件，按 Ctrl+N 组合键，新建一个 A4 文档。选择"文件 > 置入"命令，

弹出"置入"对话框，选择资源包中的"Ch10 > 效果 >促销海报背景"文件，单击"置入"按钮，置入文件。单击属性栏中的"嵌入"按钮，嵌入图片，效果如图 10-81 所示。

STEP 2 选择"选择"工具 ⬆，选取图片。选择"窗口 > 对齐"命令，弹出"对齐"面板，将"对齐"选项设为"对齐画板"，单击"垂直居中对齐"按钮 ⬒和"水平居中对齐"按钮 ⬒，如图 10-82 所示，居中对齐画板，效果如图 10-83 所示。

促销招贴设计 4

图 10-81

图 10-82

图 10-83

STEP 3 选择"文字"工具 T，在适当的位置输入需要的文字。选择"选择"工具 ⬆，在属性栏中选择合适的字体和文字大小，填充文字为白色，效果如图 10-84 所示。用相同的方法添加其他文字，效果如图 10-85 所示。

图 10-84

图 10-85

STEP 4 选择"文字"工具 T，分别选取需要的文字，设置填充颜色为淡蓝色（其 C、M、Y、K 值分别为 51、6、0、0），填充文字，效果如图 10-86 所示。分别选取需要的文字，设置填充颜色为黄色（其 C、M、Y、K 值分别为 7、1、74、0），填充文字，效果如图 10-87 所示。

图 10-86

图 10-87

STEP 5 选择"文字"工具 T，在适当的位置分别输入需要的文字。选择"选择"工具 ⬆，在属性栏中选择合适的字体和文字大小，填充文字为白色，效果如图 10-88 所示。

图 10-88

STEP 6 选择"椭圆"工具 ◉，按住 Shift 键的同时，在适当的位置绘制圆形。设置描边填充色为白色，在属性栏中将"描边粗细"选项设为 0.75pt，按 Enter 键确认操作，效果如图 10-89 所示。

STEP 7 选择"选择"工具 ▶，选取圆形。按 Ctrl+C 组合键复制图形，按 Ctrl+F 组合键原位粘贴图形。按住 Alt+Shift 组合键的同时，等比例缩小图形。在属性栏中将"描边粗细"选项设为 0.75pt，按 Enter 键确认操作，效果如图 10-90 所示。

图 10-89

图 10-90

STEP 8 选择"选择"工具 ▶，按住 Shift 键的同时，将两个圆形同时选取。按住 Alt 键的同时，多次将其拖曳到适当的位置，复制多个图形，效果如图 10-91 所示。

图 10-91

10.1.5 制作宣传主体部分

STEP 1 选择"钢笔"工具 ✐，在适当的位置绘制图形，设置图形填充颜色为铁红色（其 C、M、Y、K 值分别为 48、100、100、25），填充图形，并设置描边色为无，如图 10-92 所示。再绘制一个图形，设置图形填充颜色为枣红色（其 C、M、Y、K 值分别为 56、100、100、48），填充图形，并设置描边色为无，如图 10-93 所示。

图 10-92

图 10-93

STEP 2 选择"选择"工具 ▶，选取图形，按 Ctrl+[组合键，后移图形，效果如图 10-94 所示。用相同的方法绘制其他图形，效果如图 10-95 所示。

STEP 3 选择"椭圆"工具 ◉，按住 Shift 键的同时，在适当的位置绘制圆形，如图 10-96 所示。设置图形填充颜色为深红色（其 C、M、Y、K 值分别为 0、100、100、48），填充图形，并设置描边色为无，如图 10-97 所示。选择"钢笔"工具 ，在适当的位置绘制图形，设置图形填充颜色为深红色（其 C、M、Y、K 值分别为 0、100、100、48），填充图形，并设置描边色为无，如图 10-98 所示。

图 10-94　　　　　　　　　　　　　图 10-95

图 10-96　　　　　　图 10-97　　　　　　图 10-98

STEP 4 选择"选择"工具，按住 Shift 键的同时，将需要的图形同时选取。按住 Alt 键的同时，将其拖曳到适当的位置，复制图形，效果如图 10-99 所示。设置图形填充颜色为黄色（其 C、M、Y、K 值分别为 0、0、100、0），填充图形，并设置描边色为无，如图 10-100 所示。选择"钢笔"工具 ，在适当的位置绘制图形，填充为白色，并设置描边色为无，效果如图 10-101 所示。

图 10-99　　　　　　图 10-100　　　　　　图 10-101

STEP 5 选择"选择"工具 ，选取图形。按 Ctrl+C 组合键复制图形，按 Ctrl+F 组合键原位粘贴图形。双击"渐变"工具 ，弹出"渐变"控制面板，在色带上设置 2 个渐变滑块，分别将渐变滑块的位置设为 0、100，并设置 C、M、Y、K 的值分别为 0（0、0、0、0）、100（0、0、0、60），其他选项的设置如图 10-102 所示，图形被填充为渐变色，并设置描边色为无，效果如图 10-103 所示。按 Ctrl+X 组合键，剪切图形。

STEP 6 选择"选择"工具 ，选取白色图形。选择"窗口 > 透明度"命令，弹出面板，如图 10-104 所示，单击"制作蒙版"按钮，为图形添加蒙版，如图 10-105 所示。单击选取右侧的蒙版，如图 10-106 所示。

图 10-102

图 10-103　　　　　　　　　图 10-104

图 10-105　　　　　　　　　图 10-106

STEP 7 按 Ctrl+F 组合键原位粘贴图形，如图 10-107 所示。单击选取左侧的图框，如图 10-108 所示。在面板上方将"不透明度"选项设为 67%，如图 10-109 所示，图形效果如图 10-110 所示。选择"文字"工具 T，在适当的位置输入需要的文字。选择"选择"工具，在属性栏中选择合适的字体和文字大小，设置填充颜色为红色（其 C、M、Y、K 值分别为 0、100、100、11），填充文字，效果如图 10-111 所示。

图 10-107

图 10-108

图 10-109

图 10-110　　　　　　　　　图 10-111

STEP 8 选择"窗口 > 文字 > 字符"命令，在弹出的面板中进行设置，如图 10-112 所示，按 Enter 键确认操作，效果如图 10-113 所示。选择"文字 > 创建轮廓"命令，创建文字轮廓，效果如图 10-114 所示。

STEP 9 选择"文字"工具 T，在适当的位置输入需要的文字。选择"选择"工具，在属性栏中选择合适的字体和文字大小，设置填充颜色为黄色（其 C、M、Y、K 值分别为 0、0、100、0），填充文字，效果如图 10-115 所示。按 Ctrl+C 组合键复制文字。

图 10-112　　　　　　图 10-113　　　　　　图 10-114　　　　　　图 10-115

STEP 10 选取下方的文字，选择"文字 > 创建轮廓"命令，创建文字轮廓，效果如图 10-116 所示。单击工具栏中的"互换填充和描边"按钮 ↳，将填充色转换为描边色。在属性栏中将"描边粗细"选项设为 12pt，按 Enter 键确认操作，效果如图 10-117 所示。按 Ctrl+F 组合键原位粘贴文字。设置填充颜色为红色（其 C、M、Y、K 值分别为 0、100、100、11），填充文字，微移文字，效果如图 10-118 所示。

图 10-116　　　　　　　　图 10-117　　　　　　　　图 10-118

STEP 11 选择"选择"工具 ▶，分别选取需要的图形和文字，旋转到适当的角度，效果如图 10-119 所示。用圈选的方法将需要的图形和文字同时选取，按 Ctrl+G 组合键，群组图形，拖曳到适当的位置，效果如图 10-120 所示。

图 10-119　　　　　　　　图 10-120

STEP 12 用相同的方法制作下方的图形和文字，效果如图 10-121 所示。选择"文字"工具 T，在适当的位置分别输入需要的文字。选择"选择"工具 ▶，在属性栏中选择合适的字体和文字大小，填充文字为白色，效果如图 10-122 所示。

图 10-121　　　　　　　　图 10-122

STEP 13 选择"选择"工具 ，按住 Shift 键的同时，将需要的文字同时选取，设置填充颜色为柠檬色（其 C、M、Y、K 值分别为 0、0、70、0），填充文字，效果如图 10-123 所示。按住 Shift 键的同时，选取需要的文字，选择"倾斜"工具 ，向上拖曳右侧中间的控制手柄到适当的位置，倾斜文字，效果如图 10-124 所示。

图 10-123

图 10-124

STEP 14 选择"选择"工具 ，用圈选的方法将需要的图形和文字同时选取，如图 10-125 所示，将图形拖曳到适当的位置，效果如图 10-126 所示。促销招贴制作完成。

图 10-125

图 10-126

STEP 15 按 Ctrl+S 组合键，弹出"存储为"对话框，将其命名为"促销招贴设计"，保存为 AI 格式，单击"保存"按钮，将文件保存。

10.2 汽车招贴设计

案例学习目标

在 Photoshop 中，学习使用图层面板、滤镜命令和画笔工具制作宣传背景效果。在 Illustrator 中，学习使用绘图工具、文字工具和字符面板制作宣传语和其他宣传信息。

案例知识要点

在 Photoshop 中，使用图层面板制作背景效果，使用变换工具、动感模糊滤镜命令、图层蒙版和画笔工具制作汽车阴影，使用色相/饱和度调整层调整汽车阴影颜色。在 Illustrator 中，使用文本工具、字符面板和倾斜工具制作宣传语，使用钢笔工具、高斯模糊命令和文本工具绘制标签，使用钢笔工具、混合工具和透明度面板制作装饰图形。汽车招贴设计效果如图 10-127 所示。

效果所在位置

资源包/Ch10/效果/汽车招贴设计/汽车招贴.ai。

图 10-127

Photoshop 应用

10.2.1 制作背景效果

STEP 1 打开 Photoshop 软件，按 Ctrl + O 组合键，打开资源包中的"Ch10 > 素材 > 汽车招贴设计 > 01"文件，如图 10-128 所示。按 Ctrl + O 组合键，打开资源包中的"Ch10 > 素材 > 汽车招贴设计 > 02"文件。选择"移动"工具 ，将图片拖曳到 01 图像窗口中适当的位置，并调整其大小，效果如图 10-129 所示，在"图层"控制面板中生成新图层并将其命名为"城市"。

汽车招贴设计 1

图 10-128

图 10-129

STEP 2 选择"移动"工具 ，按住 Alt 键的同时，拖曳图片到适当的位置，复制图片，效果如图 10-130 所示，在"图层"控制面板中生成新的拷贝图层。按 Ctrl+T 组合键，在图像周围出现变换框，单击鼠标右键，在弹出的菜单中选择"水平翻转"命令，水平翻转图像，按 Enter 键确认操作，效果如图 10-131 所示。

图 10-130

图 10-131

STEP 3 按 Ctrl + O 组合键，打开资源包中的"Ch10 > 素材 > 汽车招贴设计 > 03"文件。选择"移动"工具 ，将图片拖曳到图像窗口中适当的位置，并调整其大小，效果如图 10-132 所示，在"图层"控制面板中生成新图层并将其命名为"雾"。在控制面板上方，将该图层的"不透明度"选项设为 50%，如图 10–133 所示，图像效果如图 10–134 所示。

STEP 4 按 Ctrl + O 组合键，打开资源包中的"Ch10 ＞ 素材 ＞ 汽车招贴设计 ＞ 04"文件。选择"移动"工具 ，将图片拖曳到图像窗口中适当的位置，并调整其大小，效果如图 10–135 所示，在"图层"控制面板中生成新图层并将其命名为"车"。

图 10–132

图 10–133

图 10–134

图 10–135

10.2.2 制作汽车阴影

STEP 1 将"车"图层拖曳到"图层"控制面板下方的"创建新图层"按钮 上进行复制，生成新的图层"车 拷贝"，如图 10–136 所示。按 Ctrl+T 组合键，在图像周围出现变换框，单击鼠标右键，在弹出的菜单中选择"垂直翻转"命令，垂直翻转图像，拖曳到适当的位置，按 Enter 键确认操作，效果如图 10–137 所示。

汽车招贴设计 2

图 10–136

图 10–137

STEP 2 在"图层"控制面板中，将"车 拷贝"图层拖曳到"车"图层的下方，如图 10–138 所示，图像效果如图 10–139 所示。

图 10-138 　　　　　　　　　　　　　　　图 10-139

STEP 3 选择"滤镜 > 模糊 > 动感模糊"命令，在弹出的对话框中进行设置，如图 10-140 所示，单击"确定"按钮，效果如图 10-141 所示。

图 10-140 　　　　　　　　　　　　　　图 10-141

STEP 4 单击"图层"控制面板下方的"添加图层蒙版"按钮 ，为"车 拷贝"图层添加图层蒙版，如图 10-142 所示。将前景色设为黑色。选择"画笔"工具 ，在属性栏中单击"画笔"选项右侧的按钮 ，在弹出的面板中选择需要的画笔形状，将"大小"选项设为 400 像素，如图 10-143 所示，在图像窗口中拖曳光标擦除不需要的图像，效果如图 10-144 所示。

图 10-142 　　　　　　　图 10-143 　　　　　　　　图 10-144

STEP 5 单击"图层"控制面板下方的"创建新的填充或调整图层"按钮 ，在弹出的菜单中选择"色相/饱和度"命令，在"图层"控制面板中生成"色相/饱和度 1"图层，同时在弹出的"色相/饱和度"面板中进行设置，使下方的"此调整剪切到此图层"按钮 处于选取状态，如图 10-145 所示，按 Enter 键确认操作，图像效果如图 10-146 所示。

图 10-145　　　　　　　　　　　　　　　图 10-146

STEP ↘6 按 Ctrl + O 组合键，打开资源包中的"Ch10 > 素材 > 汽车招贴设计 > 05"文件。选择"移动"工具，将图片拖曳到图像窗口中适当的位置，并调整其大小，效果如图 10-147 所示，在"图层"控制面板中生成新图层并将其命名为"水"。在控制面板上方，将该图层的混合模式选项设为"滤色"，如图 10-148 所示，图像效果如图 10-149 所示。

图 10-147　　　　　　　　　图 10-148　　　　　　　　　图 10-149

STEP ↘7 单击"图层"控制面板下方的"添加图层蒙版"按钮，为"车 拷贝"图层添加图层蒙版，如图 10-150 所示。将前景色设为黑色。选择"画笔"工具，在属性栏中单击"画笔"选项右侧的按钮，在弹出的面板中选择需要的画笔形状，如图 10-151 所示，在图像窗口中拖曳光标擦除不需要的图像，效果如图 10-152 所示。

STEP ↘8 按 Shift+Ctrl+E 组合键，合并可见图层。按 Ctrl+S 组合键，弹出"存储为"对话框，将其命名为"汽车招贴背景"，保存为 JPEG 格式，单击"保存"按钮，弹出"JPEG 选项"对话框，单击"确定"按钮，将图像保存。

图 10-150　　　　　　　　　图 10-151　　　　　　　　　图 10-152

Illustrator 应用

10.2.3 制作宣传语

STEP 1 打开 Illustrator 软件，按 Ctrl+N 组合键新建一个文档，宽度为 300mm，高度为 178mm，颜色模式为 CMYK，单击"确定"按钮。选择"文件 > 置入"命令，弹出"置入"对话框，选择资源包中的"Ch10 > 效果 > 汽车招贴背景"文件，单击"置入"按钮，置入文件。单击属性栏中的"嵌入"按钮，嵌入图片，效果如图 10–153 所示。

汽车招贴设计 3

STEP 2 选择"选择"工具 ，选取图片。选择"窗口 > 对齐"命令，弹出"对齐"面板，将"对齐"选项设为"对齐画板"，单击"垂直居中对齐"按钮 和"水平居中对齐"按钮 ，居中对齐画板，效果如图 10–154 所示。

图 10–153   图 10–154

STEP 3 选择"文字"工具 ，在适当的位置分别输入需要的文字。选择"选择"工具 ，将输入的文字同时选取，在属性栏中选择合适的字体和文字大小，填充文字为白色，效果如图 10–155 所示。选择"窗口 > 文字 > 字符"命令，在弹出的面板中进行设置，如图 10–156 所示，按 Enter 键确认操作，效果如图 10–157 所示。选择"倾斜"工具 ，向右拖曳上方中间的控制手柄到适当的位置，效果如图 10–158 所示。

图 10–155   图 10–156

图 10–157   图 10–158

STEP 4 选择"文件 > 置入"命令，弹出"置入"对话框，选择资源包中的"Ch10 > 素材 >

汽车招贴设计 > 06"文件，单击"置入"按钮，置入文件。选择"选择"工具 ，选取图片，单击属性栏中的"嵌入"按钮，嵌入图片，效果如图 10-159 所示。

图 10-159

10.2.4 制作标签

STEP 1 选择"圆角矩形"工具 □ ，在适当的位置单击鼠标，在弹出的对话框中进行设置，如图 10-160 所示，单击"确定"按钮，效果如图 10-161 所示。

图 10-160

图 10-161

STEP 2 双击"渐变"工具 ■ ，弹出"渐变"控制面板，在色带上设置 2 个渐变滑块，分别将渐变滑块的位置设为 0、100，并设置 C、M、Y、K 的值分别为 0（0、0、0、0）、100（21、16、15、0），其他选项的设置如图 10-162 所示，图形被填充为渐变色，并设置描边色为无，效果如图 10-163 所示。

STEP 3 选择"钢笔"工具 ✐ ，在适当的位置绘制图形，如图 10-164 所示。双击"渐变"工具 ■ ，弹出"渐变"控制面板，在色带上设置 2 个渐变滑块，分别将渐变滑块的位置设为 0、95，并设置 C、M、Y、K 的值分别为 0（0、100、90、0）、95（0、100、100、30），其他选项的设置如图 10-165 所示，图形被填充为渐变色，并设置描边色为无，效果如图 10-166 所示。

图 10-162

图 10-163

图 10-164   图 10-165   图 10-166

STEP 4 选择"选择"工具 ，按住 Alt 键的同时，拖曳图形到适当的位置，复制图形，填充为黑色，效果如图 10-167 所示。选择"效果 > 模糊 > 高斯模糊"命令，在弹出的对话框中进行设置，如图 10-168 所示，单击"确定"按钮，效果如图 10-169 所示。

图 10-167   图 10-168   图 10-169

STEP 5 选择"窗口 > 透明度"命令，在弹出的面板中进行设置，如图 10-170 所示，图形效果如图 10-171 所示。按 Ctrl+[组合键，后移图形，效果如图 10-172 所示。

图 10-170   图 10-171   图 10-172

STEP 6 选择"文字"工具 ，在适当的位置分别输入需要的文字。选择"选择"工具 ，将输入的文字同时选取，在属性栏中选择合适的字体和文字大小，填充文字为白色，效果如图 10-173 所示。在"字符"面板中进行设置，如图 10-174 所示，按 Enter 键确认操作，文字效果如图 10-175 所示。

图 10-173   图 10-174   图 10-175

STEP 7 选择"选择"工具 ，选取需要的文字，在"字符"面板中进行设置，如图 10-176 所示，按 Enter 键确认操作，文字效果如图 10-177 所示。用圈选的方法将需要的图形和文字同时选取，拖曳到适当的位置，效果如图 10-178 所示。

图 10-176　　　　　　图 10-177　　　　　　　　　图 10-178

10.2.5　添加其他信息

STEP 1 选择"钢笔"工具 ，在适当的位置绘制图形，如图 10-179 所示。填充为黑色，并设置描边色为无，效果如图 10-180 所示。

STEP 2 选择"选择"工具 ，按住 Alt 键的同时，拖曳图形到适当的位置，复制图形，效果如图 10-181 所示。选择"镜像"工具 ，向右拖曳镜像图形，效果如图 10-182 所示。用圈选的方法将需要的图形同时选取，按 Ctrl+G 组合键，群组图形。按 Ctrl+C 组合键，复制图形。

汽车招贴设计 4

图 10-179　　　　　　　　　　　　　　图 10-180

图 10-181　　　　　　　　　　　　　　图 10-182

STEP 3 选择"钢笔"工具 ，在适当的位置绘制图形，填充为黑色，并设置描边色为无，效果如图 10-183 所示。选择"选择"工具 ，按住 Alt 键的同时，拖曳图形到适当的位置，复制图形。选择"镜像"工具 ，向右拖曳镜像图形，效果如图 10-184 所示。

图 10-183　　　　　　　　　　　　　　图 10-184

STEP 4 选择"选择"工具 ![],用圈选的方法将需要的图形同时选取,按 Ctrl+G 组合键,群组图形。按 Ctrl+[组合键,后移图形,如图 10-185 所示。在"透明度"面板中将"不透明度"选项设为 0%,如图 10-186 所示,图形效果如图 10-187 所示。

图 10-185   图 10-186   图 10-187

STEP 5 选择"混合"工具 ![],在两个群组图形间单击添加混合效果。选择"对象 > 混合 > 混合选项"命令,在弹出的对话框中进行设置,如图 10-188 所示,单击"确定"按钮,效果如图 10-189 所示。

图 10-188   图 10-189

STEP 6 在"透明度"面板中将"不透明度"选项设为 51%,如图 10-190 所示,图形效果如图 10-191 所示。

图 10-190   图 10-191

STEP 7 按 Ctrl+F 组合键,原位粘贴图形。双击"渐变"工具 ![],弹出"渐变"控制面板,在色带上设置 6 个渐变滑块,分别将渐变滑块的位置设为 0、30、79、83、89、100,并设置 C、M、Y、K 的值分别为 0(7、95、88、0)、30(0、96、94、0)、79(49、100、100、28)、83(35、100、100、2)、89(0、51、24、0)、100(0、96、94、0),其他选项的设置如图 10-192 所示,图形被填充为渐变色,并设置描边色为无,效果如图 10-193 所示。

图 10-192

STEP 8 选择"选择"工具 ![],按住 Shift 键的同时,将需要的图形同时选取。按住 Alt 键的同时,拖曳图形到适当的位置,复制图形,如图10-194 所示。用相同的方法复制其他图形,效果如图 10-195 所示。

图 10-193   图 10-194

图 10-195

STEP 9 选择"文字"工具 T，在适当的位置分别输入需要的文字。选择"选择"工具 ，在属性栏中选择合适的字体和文字大小，选中"居中对齐"按钮，效果如图 10-196 所示。按住 Shift 键的同时，将需要的文字同时选取，设置填充颜色为红色（其 C、M、Y、K 值分别为 0、100、90、0），填充文字，效果如图 10-197 所示。

图 10-196

图 10-197

STEP 10 保持文字处于被选取状态，在"字符"面板中进行设置，如图 10-198 所示，按 Enter 键确认操作，文字效果如图 10-199 所示。按住 Shift 键的同时，将需要的文字同时选取。在"字符"面板中进行设置，如图 10-200 所示，按 Enter 键确认操作，文字效果如图 10-201 所示。

图 10-198   图 10-199

图 10-200

图 10-201

STEP 11 选择"文件 > 置入"命令，弹出"置入"对话框，选择资源包中的"Ch10 > 素材 > 汽车招贴设计 > 07"文件，单击"置入"按钮，置入文件。选择"选择"工具，选取图片，单击属性栏中的"嵌入"按钮，嵌入图片，效果如图 10-202 所示。

图 10-202

STEP 12 选择"矩形"工具，在适当的位置绘制矩形。双击"渐变"工具，弹出"渐变"控制面板，在色带上设置 2 个渐变滑块，分别将渐变滑块的位置设为 0、100，并设置 C、M、Y、K 的值分别为 0（2、1、1、0）、100（21、16、15、0），其他选项的设置如图 10-203 所示，图形被填充为渐变色，并设置描边色为无，效果如图 10-204 所示。

STEP 13 选择"选择"工具，按住 Alt 键的同时，拖曳图形到适当的位置，复制图形，如图 10-205 所示。用相同的方法复制其他图形，效果如图 10-206 所示。

图 10-203   图 10-204   图 10-205

图 10-206

STEP 14 选择"文字"工具，在适当的位置分别输入需要的文字。选择"选择"工具，将输入的文字同时选取，在属性栏中选择合适的字体和文字大小，填充文字为白色，效果如图 10-207 所示。

图 10-207

STEP 15 选取需要的文字，在"字符"面板中进行设置，如图 10-208 所示，按 Enter 键确认操作，文字效果如图 10-209 所示。选取需要的文字，在"字符"面板中进行设置，如图 10-210 所示，按 Enter 键确认操作，文字效果如图 10-211 所示。汽车招贴设计制作完成，效果如图 10-212 所示。

图 10-208

图 10-210

图 10-209

图 10-211

图 10-212

STEP 16 按 Ctrl+S 组合键，弹出"存储为"对话框，将其命名为"汽车招贴设计"，保存为 AI 格式，单击"保存"按钮，将文件保存。

10.3 课后习题——汉堡招贴设计

习题知识要点

在 Photoshop 中，使用渐变工具制作环状背景，使用外发光命令制作图片的外发光效果；在 Illustrator 中，使用钢笔工具、路径查找器面板和渐变工具制作装饰图形，使用文字工具、凸出和斜角命令制作立体文字，使用文字工具、描边面板和变形命令制作宣传性文字。汉堡招贴效果如图 10-213 所示。

效果所在位置

资源包/Ch10/效果/汉堡招贴设计/汉堡招贴.ai。

图 10-213

汉堡招贴设计 1

汉堡招贴设计 2

汉堡招贴设计 3

Chapter

11

第 11 章
宣传册设计

　　宣传册可以起到有效宣传企业或产品的作用，能够提高企业的知名度和产品的认知度。本章通过讲解旅游宣传册的封面及内页设计流程，介绍如何把握整体风格，设定设计细节，并详细地讲解了宣传册封面、内页设计的制作方法和设计技巧。

课堂学习目标

- 在 Photoshop 软件中制作宣传册封面底图
- 在 Illustrator 软件中制作宣传册封面及内页

Chapter 11

11.1 旅游宣传册封面设计

案例学习目标

在 Photoshop 中，学习使用图层面板、色阶、滤镜库命令制作旅游宣传册封面底图。在 Illustrator 中，学习使用文字工具、倾斜工具、绘图工具和字符面板添加标题及其他相关信息。

案例知识要点

在 Photoshop 中，使用添加图层蒙版按钮、渐变工具制作图片渐隐效果，使用色阶命令调整图片颜色，使用纹理化滤镜命令为图片添加纹理化效果。在 Illustrator 中，使用参考线分割页面，使用文字工具、倾斜工具制作标题文字，使用矩形工具和创建剪切蒙版命令为图片添加剪切蒙版效果，使用文字工具、字形命令、字符面板和段落面板添加并编辑文字。旅游宣传册封面设计效果如图 11-1 所示。

效果所在位置

资源包/Ch11/效果/旅游宣传册封面设计/旅游宣传册封面.ai。

图 11-1

Photoshop 应用

11.1.1 制作宣传册封面底图

STEP 1 打开 Photoshop 软件，按 Ctrl + N 组合键，新建一个文件：宽度为 44cm，高度为 28cm，分辨率为 150 像素/英寸，颜色模式为 RGB，背景内容为白色。

STEP 2 选择"视图 > 新建参考线"命令，在弹出的对话框中进行设置，如图 11-2 所示，单击"确定"按钮，效果如图 11-3 所示。

旅游宣传册封面设计 1

图 11-2

图 11-3

STEP 3 按 Ctrl + O 组合键，打开资源包中的"Ch11 > 素材 > 旅游宣传册封面设计 > 01"文件。选择"移动"工具 ，将图片拖曳到图像窗口中适当的位置并调整其大小，如图 11-4 所示。在"图层"控制面板中生成新的图层并将其命名为"图片 1"。

STEP 4 单击"图层"控制面板下方的"添加图层蒙版"按钮 ，为"图片 1"图层添加图层蒙版，如图 11-5 所示。选择"渐变"工具 ，单击属性栏中的"点按可编辑渐变"按钮 ，弹出"渐变编辑器"对话框，将渐变色设为从黑色到白色，在图像窗口中拖曳光标填充渐变色，松开鼠标左键，效果如图 11-6 所示。

图 11-4   图 11-5   图 11-6

STEP 5 单击"图层"控制面板下方的"创建新的填充或调整图层"按钮 ，在弹出的菜单中选择"色阶"命令，在"图层"控制面板中生成"色阶 1"图层，同时在弹出的"色阶"面板中进行设置，如图 11-7 所示，按 Enter 键确认操作，效果如图 11-8 所示。

图 11-7   图 11-8

STEP 6 按 Ctrl + O 组合键，打开资源包中的"Ch11 > 素材 > 旅游宣传册封面设计 > 02"文件。选择"移动"工具 ，将图片拖曳到图像窗口中适当的位置并调整其大小，如图 11-9 所示。在"图层"控制面板中生成新的图层并将其命名为"图片 2"。

STEP 7 单击"图层"控制面板下方的"添加图层蒙版"按钮 ，为"图片 2"图层添加图层蒙版，如图 11-10 所示。选择"渐变"工具 ，在图像窗口中拖曳光标填充渐变色，松开鼠标左键，效果如图 11-11 所示。

图 11-9

STEP 8 选择"滤镜 > 滤镜库"命令，在弹出的对话框中进行设置，如图 11-12 所示，单击"确定"按钮，效果如图 11-13 所示。

图 11-10   图 11-11

图 11-12   图 11-13

STEP 9 新建图层并将其命名为"颜色"。将前景色设为天蓝色（其 R、G、B 的值分别为 50、237、249），按 Alt+Delete 组合键，用前景色填充"颜色"图层，效果如图 11-14 所示。在"图层"控制面板上方，将"颜色"图层的混合模式选项设为"正片叠底"，"不透明度"选项设为 13%，如图 11-15 所示，图像效果如图 11-16 所示。

图 11-14   图 11-15   图 11-16

STEP 10 旅游宣传册封面底图制作完成。按 Ctrl+；组合键，隐藏参考线。按 Shift+Ctrl+E 组合键，合并可见图层。按 Ctrl+S 组合键，弹出"存储为"对话框，将其命名为"旅游宣传册封面底图"，保存为 JPEG 格式，单击"保存"按钮，弹出"JPEG 选项"对话框，单击"确定"按钮，将图像保存。

Illustrator 应用

11.1.2 添加标题文字和装饰图形

STEP 1 打开 Illustrator 软件，按 Ctrl+N 组合键，新建一个文档，设置文档的宽度为 434mm，高度为 274mm，取向为横向，颜色模式为 CMYK，单击"确定"按钮。

旅游宣传册封面设计 2

STEP 2 按 Ctrl+R 组合键，显示标尺。选择"选择"工具 ，在页面中拖曳一条垂直参考线，选择"窗口 > 变换"命令，弹出"变换"面板，将"X"轴选项设为 217mm，如图 11-17 所示，按 Enter 键确认操作，效果如图 11-18 所示。

图 11-17

图 11-18

STEP 3 选择"文件 > 置入"命令，弹出"置入"对话框，选择资源包中的"Ch11 > 效果 > 旅游宣传册封面设计 > 旅游宣传册封面底图"文件，单击"置入"按钮，将图片置入到页面中，单击属性栏中的"嵌入"按钮，嵌入图片。选择"选择"工具 ，拖曳图片到适当的位置，效果如图 11-19 所示。

STEP 4 选择"文字"工具 T ，在适当的位置分别输入需要的文字。选择"选择"工具 ，在属性栏中分别选择合适的字体并设置文字大小。将输入的文字同时选取，填充文字为白色，效果如图 11-20 所示。

图 11-19

图 11-20

STEP 5 选择"选择"工具 ，分别选取文字"惊喜""世界游"，按 Alt+←组合键，调整文字间距，效果如图 11-21 所示。按住 Shift 键的同时，依次单击选取需要的文字，填充描边为白色并设置文字颜色为蓝色（其 C、M、Y、K 的值分别为 100、65、0、0），填充文字，效果如图 11-22 所示。

图 11-21

图 11-22

STEP 6 选择"选择"工具 ，按住 Shift 键的同时，将输入的文字同时选取。双击"倾斜"工具 ，弹出"倾斜"对话框，选项的设置如图 11-23 所示，单击"确定"按钮，效果如图 11-24 所示。

STEP 7 选择"直线段"工具 ，在适当的位置绘制一条斜线，填充描边为白色，在属性栏中将"描边粗细"选项设为 1.5pt，按 Enter 键确认操作，效果如图 11-25 所示。

图 11-23   图 11-24   图 11-25

STEP 8 选择"钢笔"工具 ，在适当的位置绘制一个不规则图形，如图 11-26 所示。设置图形填充颜色为深蓝色（其 C、M、Y、K 值分别为 100、75、40、0），填充图形，并设置描边色为无，效果如图 11-27 所示。

图 11-26   图 11-27

STEP 9 选择"钢笔"工具 ，在适当的位置绘制一个不规则图形，设置图形填充颜色为浅蓝色（其 C、M、Y、K 值分别为 15、0、0、0），填充图形，并设置描边色为无，效果如图 11-28 所示。

STEP 10 选择"选择"工具 ，选取图形，按 Ctrl+C 组合键，复制图形，按 Ctrl+B 组合键，将复制的图形粘贴在后面，填充图形为黑色，按键盘上的↓键微调图形位置，效果如图 11-29 所示。

图 11-28   图 11-29

STEP 11 选择"选择"工具 ，用圈选的方法将所绘制的图形同时选取，并将其拖曳到页面中适当的位置，效果如图 11-30 所示。连续按 Ctrl+[组合键，向后移动图形到适当的位置，效果如图 11-31 所示。

图 11-30

图 11-31

11.1.3 添加并编辑图片

STEP 1 选择"矩形"工具 ，在适当的位置拖曳光标绘制一个矩形，如图 11-32 所示。选择"选择"工具 ，按住 Alt+Shift 组合键的同时，水平向右拖曳矩形到适当的位置，复制矩形，效果如图 11-33 所示。按 Ctrl+D 组合键，再复制出一个矩形，效果如图 11-34 所示。

旅游宣传册封面设计 3

STEP 2 选择"选择"工具 ，按住 Shift 键的同时，依次单击原矩形将其同时选取，按住 Alt 键的同时，向下拖曳图形到适当的位置，复制图形，效果如图 11-35 所示。

图 11-32

图 11-33

图 11-34

图 11-35

STEP 3 选择"文件 > 置入"命令，弹出"置入"对话框，选择资源包中的"Ch11 > 素材 > 旅游宣传册封面设计 > 01"文件，单击"置入"按钮，将图片置入到页面中，单击属性栏中的"嵌入"按钮，嵌入图片。选择"选择"工具 ，拖曳图片到适当的位置并调整其大小，效果如图 11-36 所示。连续按 Ctrl+[组合键，向后移动图片到适当的位置，效果如图 11-37 所示。

图 11-36

图 11-37

STEP▲4 选择"选择"工具 ▶，按住 Shift 键的同时，单击上方矩形将其同时选取，如图 11-38 所示。按 Ctrl+7 组合键，建立剪切蒙版，效果如图 11-39 所示。使用相同方法置入其他图片并制作如图 11-40 所示的效果。

图 11-38   图 11-39   图 11-40

STEP▲5 选择"选择"工具 ▶，按住 Shift 键的同时，将所有图片同时选取，如图 11-41 所示。双击"倾斜"工具 ⬠，弹出"倾斜"对话框，选项的设置如图 11-42 所示，单击"确定"按钮，效果如图 11-43 所示。

图 11-41   图 11-42   图 11-43

STEP▲6 选择"窗口 > 符号库 > 地图"命令，弹出"地图"面板，选择需要的符号，如图 11-44 所示，拖曳符号到适当的位置并调整其大小，效果如图 11-45 所示。

图 11-44   图 11-45

STEP▲7 选择"选择"工具 ▶，在符号图形上单击鼠标右键，在弹出的菜单中选择"断开符号链接"命令，填充图形为白色，效果如图 11-46 所示。

STEP 8 选择"文字"工具 T，在适当的位置分别输入需要的文字。选择"选择"工具 ，在属性栏中分别选择合适的字体并设置文字大小，填充文字为白色，按 Alt+→组合键，调整文字间距，效果如图 11-47 所示。

图 11-46   图 11-47

11.1.4 制作封底效果

STEP 1 选择"圆角矩形"工具 ，在页面中单击鼠标左键，弹出"圆角矩形"对话框，选项的设置如图 11-48 所示，单击"确定"按钮，出现一个圆角矩形。选择"选择"工具 ，拖曳圆角矩形到适当的位置，填充描边为白色，在属性栏中将"描边粗细"选项设为 1.5pt，按 Enter 键确认操作，效果如图 11-49 所示。

旅游宣传册封面设计 4

图 11-48   图 11-49

STEP 2 选择"文字"工具 T，在适当的位置输入需要的文字。选择"选择"工具 ，在属性栏中选择合适的字体并设置文字大小，填充文字为白色，效果如图 11-50 所示。

STEP 3 按 Ctrl+T 组合键，弹出"字符"控制面板，将"设置行距"选项 设为 21pt，其他选项设置如图 11-51 所示，按 Enter 键确认操作，效果如图 11-52 所示。

图 11-50   图 11-51   图 11-52

STEP 4 选择"文字"工具 T，在适当的位置单击插入光标，如图 11-53 所示。选择"文字 > 字形"命令，在弹出的"字形"面板中按需要进行设置并选择需要的字形，如图 11-54 所示，双击鼠标左键插入字形，效果如图 11-55 所示。

图 11-53　　　　　　　　　　图 11-54　　　　　　　　　　图 11-55

STEP 5 按 Ctrl+Alt+T 组合键，弹出"段落"控制面板，将"首行左缩进"选项 设为 28pt，其他选项设置如图 11-56 所示，按 Enter 键确认操作，效果如图 11-57 所示。旅游宣传册封面制作完成，效果如图 11-58 所示。

图 11-56　　　　　　　　　　图 11-57　　　　　　　　　　图 11-58

STEP 6 按 Ctrl+R 组合键，隐藏标尺。按 Ctrl+；组合键，隐藏参考线。按 Ctrl+S 组合键，弹出"存储为"对话框，将其命名为"旅游宣传册封面"，保存为 AI 格式，单击"保存"按钮，将文件保存。

11.2　旅游宣传册内页 1

案例学习目标

学习使用置入命令、建立剪切蒙版命令、文字工具和字符面板制作宣传册内页 1。

案例知识要点

使用矩形工具、创建剪切蒙版命令为图片添加剪切蒙版效果，使用文字工具、字符面板和段落面板制作内页标题和内容文字。旅游宣传册内页 1 效果如图 11-59 所示。

效果所在位置

资源包/Ch11/效果/旅游宣传册内页 1.ai。

图 11-59

旅游宣传册内页 1

STEP 1 打开 Illustrator 软件，按 Ctrl+N 组合键，新建一个文档，设置文档的宽度为 434mm，高度为 274mm，取向为横向，颜色模式为 CMYK，单击"确定"按钮。

STEP 2 按 Ctrl+R 组合键，显示标尺。选择"选择"工具 ，在页面中拖曳一条垂直参考线。选择"窗口 > 变换"命令，弹出"变换"面板，将"X"轴选项设为 217mm，如图 11-60 所示，按 Enter 键确认操作，效果如图 11-61 所示。

图 11-60

图 11-61

STEP 3 选择"文件 > 置入"命令，弹出"置入"对话框，选择资源包中的"Ch11 > 素材 > 旅游宣传册内页 1 > 01"文件，单击"置入"按钮，将图片置入到页面中。单击属性栏中的"嵌入"按钮，嵌入图片。选择"选择"工具 ，拖曳图片到适当的位置并调整其大小，效果如图 11-62 所示。选择"矩形"工具 ，在适当的位置绘制一个矩形，如图 11-63 所示。

图 11-62

图 11-63

STEP 4 选择"选择"工具 ，按住 Shift 键的同时，单击下方图片将其同时选取。按 Ctrl+7 组合键，建立剪切蒙版，效果如图 11-64 所示。

STEP 5 选择"文字"工具 T，在适当的位置输入需要的文字。选择"选择"工具，在属性栏中选择合适的字体并设置文字大小，填充文字为白色，效果如图 11-65 所示。

图 11-64   图 11-65

STEP 6 选择"文字"工具 T，在适当的位置分别输入需要的文字。选择"选择"工具，在属性栏中分别选择合适的字体并设置文字大小，效果如图 11-66 所示。选取需要的文字，设置文字为紫色（其 C、M、Y、K 的值分别为 55、100、0、0），填充文字，效果如图 11-67 所示。

图 11-66   图 11-67

STEP 7 选取下方文字，按 Ctrl+T 组合键，弹出"字符"控制面板，将"设置行距"选项设为 18pt，其他选项设置如图 11-68 所示，按 Enter 键确认操作，效果如图 11-69 所示。

图 11-68   图 11-69

STEP 8 按 Ctrl+Alt+T 组合键，弹出"段落"控制面板，将"首行左缩进"选项设为 24pt，其他选项设置如图 11-70 所示，按 Enter 键确认操作，效果如图 11-71 所示。

图 11-70

1 普罗旺斯
法国东南薰衣草之乡

普罗旺斯，全称普罗旺斯–阿尔卑斯–蓝色海岸，原为罗马帝国的一个行省，现为法国东南部的一个地区，毗邻地中海，和意大利接壤，是从地中海沿岸延伸到内陆的丘陵地带。中间有大河隆河流过。从阿尔卑斯山经里昂南流的罗讷河，在普罗旺斯附近分为两大支流，然后注入地中海。普罗旺斯是世界闻名的薰衣草故乡，并出产优质葡萄酒。普罗旺斯还是欧洲的"骑士之城"，是中世纪重要文学体裁骑士抒情诗的发源地。

图 11-71

STEP 9 选择"矩形"工具 ▣，在适当的位置拖曳光标绘制一个矩形，如图 11-72 所示。选择"选择"工具 ▶，按住 Alt+Shift 组合键的同时，水平向右拖曳矩形到适当的位置，复制矩形，效果如图 11-73 所示。连续按 Ctrl+D 组合键，再复制出多个矩形，效果如图 11-74 所示。使用相同方法制作其他矩形，效果如图 11-75 所示。

普罗旺斯，全称普罗旺斯–阿尔卑斯–蓝色海岸，原为罗马帝国的一个行省，现为法国东南部的一个地区，毗邻地中海，和意大利接壤，是从地中海沿岸延伸到内陆的丘陵地带。中间有大河隆河流过。从阿尔卑斯山经里昂南流的罗讷河，在普罗旺斯附近分为两大支流，然后注入地中海。普罗旺斯是世界闻名的薰衣草故乡，并出产优质葡萄酒。普罗旺斯还是欧洲的"骑士之城"，是中世纪重要文学体裁骑士抒情诗的发源地。

图 11-72

普罗旺斯，全称普罗旺斯–阿尔卑斯–蓝色海岸，原为罗马帝国的一个行省，现为法国东南部的一个地区，毗邻地中海，和意大利接壤，是从地中海沿岸延伸到内陆的丘陵地带。中间有大河隆河流过。从阿尔卑斯山经里昂南流的罗讷河，在普罗旺斯附近分为两大支流，然后注入地中海。普罗旺斯是世界闻名的薰衣草故乡，并出产优质葡萄酒。普罗旺斯还是欧洲的"骑士之城"，是中世纪重要文学体裁骑士抒情诗的发源地。

图 11-73

图 11-74

普罗旺斯，全称普罗旺斯–阿尔卑斯–蓝色海岸，原为罗马帝国的一个行省，现为法国东南部的一个地区，毗邻地中海，和意大利接壤，是从地中海沿岸延伸到内陆的丘陵地带。中间有大河隆河流过。从阿尔卑斯山经里昂南流的罗讷河，在普罗旺斯附近分为两大支流，然后注入地中海。普罗旺斯是世界闻名的薰衣草故乡，并出产优质葡萄酒。普罗旺斯还是欧洲的"骑士之城"，是中世纪重要文学体裁骑士抒情诗的发源地。

旺斯还是欧洲的"骑士之城"，是中世纪重要文学体裁骑士抒情诗的发源地。

图 11-75

STEP 10 选择"文件 > 置入"命令，弹出"置入"对话框，选择资源包中的"Ch11 > 素材 > 旅游宣传册内页 1 > 02"文件，单击"置入"按钮，将图片置入到页面中。单击属性栏中的"嵌入"按钮，嵌入图片。选择"选择"工具 ▶，拖曳图片到适当的位置并调整其大小，效果如图 11-76 所示。连续按 Ctrl+[组合键，向后移动图片到适当的位置，效果如图 11-77 所示。

STEP 11 选择"选择"工具 ▶，按住 Shift 键的同时，单击上方矩形将其同时选取，按 Ctrl+7 组合键，建立剪切蒙版，效果如图 11-78 所示。使用相同方法置入其他图片并制作如图 11-79 所示的效果。

图 11-76   图 11-77

图 11-78   图 11-79

STEP 12 选择 "选择" 工具 ，按住 Shift 键的同时，选取需要的矩形，设置图形填充颜色为紫色（其 C、M、Y、K 的值分别为 55、100、0、0），填充图形，效果如图 11-80 所示。再次选取需要的矩形，设置图形填充颜色为灰色（其 C、M、Y、K 的值分别为 0、0、0、70），填充图形，效果如图 11-81 所示。

图 11-80   图 11-81

STEP 13 选择 "文字" 工具 ，在适当的位置输入需要的文字。选择 "选择" 工具 ，在属性栏中选择合适的字体并设置文字大小，填充文字为白色，效果如图 11-82 所示。选择 "字符" 控制面板，将 "设置行距" 选项 设为 10pt，其他选项设置如图 11-83 所示，按 Enter 键确认操作，效果如图 11-84 所示。

图 11-82   图 11-83   图 11-84

STEP 14 选择"段落"控制面板,将"首行左缩进"选项设为 14pt,其他选项设置如图 11-85 所示,按 Enter 键确认操作,效果如图 11-86 所示。

图 11-85　　　　　　　　　　　图 11-86

STEP 15 使用相同方法输入并编辑其他文字,效果如图 11-87 所示。旅游宣传册内页 1 制作完成,效果如图 11-88 所示。按 Ctrl+S 组合键,弹出"存储为"对话框,将其命名为"旅游宣传册内页 1",保存为 AI 格式,单击"保存"按钮,将文件保存。

图 11-87　　　　　　　　　　　　　　　　图 11-88

11.3 旅游宣传册内页 2

案例学习目标

学习使用置入命令、创建剪切蒙版命令置入并编辑图片,使用文字工具、字符面板和段落面板添加宣传册内页文字。

案例知识要点

使用置入命令、不透明度选项制作背景底图,使用矩形工具、创建剪切蒙版命令为图片添加剪切蒙版效果,使用文字工具、字符面板和段落面板制作内页标题和内容文字,使用投影命令为图片添加投影效果,旅游宣传册内页 2 效果如图 11-89 所示。

效果所在位置

资源包/Ch11/效果/旅游宣传册内页 2.ai。

旅游宣传册内页 2

图 11-89

STEP 1 打开 Illustrator 软件，按 Ctrl+N 组合键，新建一个文档，设置文档的宽度为 434mm，高度为 274mm，取向为横向，颜色模式为 CMYK，单击"确定"按钮。

STEP 2 按 Ctrl+R 组合键，显示标尺。选择"选择"工具 ，在页面中拖曳一条垂直参考线。选择"窗口 > 变换"命令，弹出"变换"面板，将"X"轴选项设为 217mm，如图 11-90 所示，按 Enter 键确认操作，效果如图 11-91 所示。

图 11-90

图 11-91

STEP 3 选择"文件 > 置入"命令，弹出"置入"对话框，选择资源包中的"Ch11 > 素材 > 旅游宣传册内页 2 > 01"文件，单击"置入"按钮，将图片置入到页面中。单击属性栏中的"嵌入"按钮，嵌入图片。选择"选择"工具 ，拖曳图片到适当的位置并调整其大小，效果如图 11-92 所示。在属性栏中将"不透明度"选项设为 20%，按 Enter 键确认操作，效果如图 11-93 所示。

图 11-92

图 11-93

STEP 4 选择"文件 > 置入"命令，弹出"置入"对话框，选择资源包中的"Ch11 > 素材 > 旅游宣传册内页 2 > 02"文件，单击"置入"按钮，将图片置入到页面中。单击属性栏中的"嵌入"按钮，嵌入图片。选择"选择"工具 ▶，拖曳图片到适当的位置并调整其大小，效果如图 11-94 所示。选择"矩形"工具 ▣，在适当的位置拖曳光标绘制一个矩形，如图 11-95 所示。

图 11-94　　　　　　　　　　　　　　图 11-95

STEP↰5 选择"选择"工具 ▶，按住 Shift 键的同时，单击下方图片将其同时选取，如图 11-96 所示。按 Ctrl+7 组合键，建立剪切蒙版，效果如图 11-97 所示。

图 11-96　　　　　　　　　　　　　　图 11-97

STEP↰6 选择"文字"工具 T，在适当的位置分别输入需要的文字。选择"选择"工具 ▶，在属性栏中分别选择合适的字体并设置文字大小，效果如图 11-98 所示。选取需要的文字，设置文字颜色为蓝色（其 C、M、Y、K 的值分别为 100、72、0、0），填充文字，效果如图 11-99 所示。

图 11-98　　　　　　　　　　　　　　图 11-99

STEP↰7 选取下方文字，按 Ctrl+T 组合键，弹出"字符"控制面板，将"设置行距"选项 👆A 设为 18pt，其他选项设置如图 11-100 所示，按 Enter 键确认操作，效果如图 11-101 所示。

STEP↰8 按 Ctrl+Alt+T 组合键，弹出"段落"控制面板，将"首行左缩进"选项 ⯮ 设为 24pt，其他选项设置如图 11-102 所示，按 Enter 键确认操作，效果如图 11-103 所示。

图 11-100   图 11-101   图 11-102   图 11-103

STEP 9 选择"文字"工具 T，在适当的位置输入需要的文字。选择"选择"工具 ↖，在属性栏中选择合适的字体并设置文字大小，效果如图 11-104 所示。选择"矩形"工具 ▢，在适当的位置拖曳光标绘制一个矩形，如图 11-105 所示。

图 11-104   图 11-105

STEP 10 选择"文件 > 置入"命令，弹出"置入"对话框，选择资源包中的"Ch11 > 素材 > 旅游宣传册内页 2 > 03"文件，单击"置入"按钮，将图片置入到页面中。单击属性栏中的"嵌入"按钮，嵌入图片。选择"选择"工具 ↖，拖曳图片到适当的位置并调整其大小，效果如图 11-106 所示。按 Ctrl+[组合键，向下移一层，效果如图 11-107 所示。

图 11-106   图 11-107

STEP 11 选择"选择"工具 ↖，按住 Shift 键的同时，单击上方矩形将其同时选取，如图 11-108 所示。按 Ctrl+7 组合键，建立剪切蒙版，效果如图 11-109 所示。

STEP 12 选择"文件 > 置入"命令，弹出"置入"对话框，选择资源包中的"Ch11 > 素材 > 旅游宣传册内页 2 > 04"文件，单击"置入"按钮，将图片置入到页面中。单击属性栏中的"嵌入"按钮，嵌入图片。选择"选择"工具 ↖，拖曳图片到适当的位置并调整其大小，效果如图 11-110 所示。选择"矩形"工具 ，在适当的位置绘制一个矩形，如图 11–111 所示。

图 11–108

图 11–109

图 11–110

图 11–111

STEP 13 选择"选择"工具 ，按住 Shift 键的同时，单击下方图片将其同时选取，如图 11–112 所示。按 Ctrl+7 组合键，创建剪切蒙版，效果如图 11–113 所示。

图 11–112

图 11–113

STEP 14 填充描边为白色，选择"窗口 > 描边"命令，弹出"描边"控制面板，选项的设置如图 11–114 所示，按 Enter 键确认操作，描边效果如图 11–145 所示。

图 11–114

图 11–115

STEP 15 选择"效果 > 风格化 > 投影"命令，在弹出的对话框中进行设置，如图 11–116 所示，单击"确定"按钮，效果如图 11–117 所示。

图 11-116

图 11-117

STEP 16 使用相同方法置入其他图片并制作如图 11-118 所示的效果。旅游宣传册内页 2 制作完成，效果如图 11-119 所示。按 Ctrl+S 组合键，弹出"存储为"对话框，将其命名为"旅游宣传册内页2"，保存为 AI 格式，单击"保存"按钮，将文件保存。

图 11-118

图 11-119

11.4 课后习题——旅游宣传册内页 3

习题知识要点

使用矩形工具、创建剪切蒙版命令为图片添加剪切蒙版效果，使用文字工具、字符面板和段落面板制作内页标题和内容文字，使用矩形工具、不透明度选项为图形添加半透明效果。旅游宣传册内页 3 效果如图 11-120 所示。

效果所在位置

资源包/Ch11/效果/旅游宣传册内页 3.ai。

图 11-120

旅游宣传册内页 3

Chapter

12

Photoshop CC

+

Illustrator CC

第 12 章
杂志设计

　　杂志是比较专项的宣传媒介之一，它具有目标受众准确、实效性强、宣传力度大、效果明显等特点。时尚类杂志的设计可以轻松、活泼、色彩丰富。版式内的图文编排可以灵活多变，但要注意把握风格的整体性。本章以时尚杂志为例，讲解杂志的设计方法和制作技巧。

课堂学习目标

● 在 Photoshop 软件中制作杂志封面背景图

● 在 Illustrator 软件中制作其他栏目内容

12.1 杂志封面设计

案例学习目标

学习在 Photoshop 中使用图层面板和文字工具制作封面底图。在 Illustrator 中使用文本工具和字符面板添加杂志栏目。

案例知识要点

在 Photoshop 中，使用曲线调整层、图层蒙版和画笔工具制作背景图片，使用横排文字工具、字符面板、图层蒙版和画笔工具添加杂志名称。在 Illustrator 中，使用文本工具和字符面板添加栏目名称。杂志封面设计效果如图 12-1 所示。

效果所在位置

资源包/Ch12/效果/杂志封面设计/杂志封面.ai。

图 12-1

Photoshop 应用

12.1.1 制作封面底图

STEP 1 打开 Photoshop 软件，按 Ctrl + N 组合键，新建一个文件：宽度为 21.6cm，高度为 30.3cm，分辨率为 300 像素/英寸，颜色模式为 RGB，背景内容为白色。按 Ctrl + O 组合键，打开资源包中的"Ch12 > 素材 > 杂志封面设计 > 01"文件，如图 12-2 所示。

杂志封面设计 1

STEP 2 单击"图层"控制面板下方的"创建新的填充或调整图层"按钮 ，在弹出的菜单中选择"曲线"命令，在"图层"控制面板中生成"曲线 1"图层，同时弹出"曲线"面板，在曲线上单击鼠标添加控制点，将"输入"选项设为 75，"输出"选项设为 87，再次单击鼠标添加控制点，将"输入"选项设为 28，"输出"选项设为 26，如图 12-3 所示，效果如图 12-4 所示。

STEP 3 单击"曲线 1"图层的图层蒙版缩览图，如图 12-5 所示。将前景色设为黑色。选择"画笔"工具 ，在属性栏中单击"画笔"选项右侧的按钮 ，在弹出的面板中选择需要的画笔形状，如图 12-6 所示。在属性栏中将"不透明度"选项设为 80%，在图像窗口中拖曳鼠标擦除不需要的图像，效果如图 12-7 所示。

图 12-2　　　　　　　图 12-3　　　　　　　图 12-4

图 12-5　　　　　　　图 12-6　　　　　　　图 12-7

STEP 4 将前景色设为红色（其 R、G、B 的值分别为 230、0、18）。选择"横排文字"工具 T，在适当的位置输入需要的文字并选取文字，在属性栏中选择合适的字体并设置大小，效果如图 12-8 所示，在"图层"控制面板中生成新的文字图层。

STEP 5 选择"窗口 > 字符"命令，在弹出的面板中进行设置，如图 12-9 所示，按 Enter 键确认操作，文字效果如图 12-10 所示。

图 12-8　　　　　　　图 12-9　　　　　　　图 12-10

STEP 6 单击"图层"控制面板下方的"添加图层蒙版"按钮 ，为文字图层添加图层蒙版，如图 12-11 所示。将前景色设为黑色。选择"画笔"工具 ，在属性栏中单击"画笔"选项右侧的按钮 ，在弹出的面板中选择需要的画笔形状，如图 12-12 所示，在图像窗口中拖曳鼠标擦除不需要的图像，效果如图 12-13 所示。

STEP 7 杂志封面底图制作完成。按 Shift+Ctrl+E 组合键，合并可见图层。按 Ctrl+S 组合键，弹

出"存储为"对话框,将其命名为"杂志封面底图",保存为 JPEG 格式,单击"保存"按钮,弹出"JPEG
选项"对话框,单击"确定"按钮,保存图像。

图 12-11

图 12-12

图 12-13

Illustrator 应用

12.1.2 制作杂志栏目

STEP 1 打开 Illustrator 软件,按 Ctrl+N 组合键,新建一个 A4 文档。选择"文件 >
置入"命令,弹出"置入"对话框,选择资源包中的"Ch12 > 效果 > 杂志封面底图"文件,
单击"置入"按钮,置入文件。单击属性栏中的"嵌入"按钮,嵌入图片,并调整其大小,
效果如图 12-14 所示。

杂志封面设计 2

STEP 2 选择"选择"工具 ,选取图片。选择"窗口 > 对齐"命令,弹出"对
齐"面板,将"对齐"选项设为"对齐画板",单击"垂直居中对齐"按钮 和"水平居中对齐"按钮 ,
如图 12-15 所示,居中对齐画板,效果如图 12-16 所示。

图 12-14

图 12-15

图 12-16

STEP 3 选择"文字"工具 ,在适当的位置输入需要的文字,选择"选择"工具 ,在属性
栏中选择合适的字体和文字大小,填充文字为白色,效果如图 12-17 所示。选择"窗口 > 文字 > 字符"
命令,在弹出的面板中进行设置,如图 12-18 所示,按 Enter 键确认操作,效果如图 12-19 所示。

图 12-17

图 12-18

图 12-19

STEP 4 选择"文字"工具 **T**，在适当的位置分别输入需要的文字，选择"选择"工具 **↖**，在属性栏中分别选择合适的字体和文字大小，填充文字为白色，效果如图 12-20 所示。

图 12-20

STEP 5 选择"选择"工具 **↖**，选取需要的文字，设置填充颜色为蓝色（其 C、M、Y、K 值分别为 100、100、0、0），填充文字，效果如图 12-21 所示。选择"选择"工具 **↖**，选取需要的文字。在"字符"面板中进行设置，如图 12-22 所示，按 Enter 键确认操作，效果如图 12-23 所示。

图 12-21　　　　　　　　　　图 12-22　　　　　　　　　　图 12-23

STEP 6 选择"选择"工具 **↖**，选取需要的文字。在"字符"面板中进行设置，如图 12-24 所示，按 Enter 键确认操作，效果如图 12-25 所示。

图 12-24　　　　　　　　　　图 12-25

STEP 7 选择"选择"工具 **↖**，选取需要的文字。在"字符"面板中进行设置，如图 12-26 所示，按 Enter 键确认操作，效果如图 12-27 所示。

图 12-26　　　　　　　　　　图 12-27

STEP 8 选择 "文字" 工具 T，在适当的位置分别输入需要的文字，选择 "选择" 工具，在属性栏中分别选择合适的字体和文字大小，填充文字为白色，效果如图 12-28 所示。选择 "选择" 工具，按住 Shift 键的同时，选取需要的文字。设置填充颜色为蓝色（其 C、M、Y、K 值分别为 100、100、0、0），填充文字，效果如图 12-29 所示。

STEP 9 选择 "文件 > 置入" 命令，弹出 "置入" 对话框，选择资源包中的 "Ch12 > 素材 > 杂志封面设计 > 02" 文件，单击 "置入" 按钮，置入文件，并调整其位置和大小，效果如图 12-30 所示。连续按 Ctrl+ [组合键，后移图形，效果如图 12-31 所示。

图 12-28　　　　　　　图 12-29　　　　　　　图 12-30　　　　　　　图 12-31

STEP 10 选择 "文字" 工具 T，在适当的位置分别输入需要的文字，选择 "选择" 工具，在属性栏中分别选择合适的字体和文字大小，填充文字为白色，效果如图 12-32 所示。按住 Shift 键的同时，选取需要的文字。设置填充颜色为红色（其 C、M、Y、K 值分别为 0、100、100、0），填充文字，效果如图 12-33 所示。

图 12-32　　　　　　　　　图 12-33

STEP 11 选择 "矩形" 工具，绘制两个矩形，填充为黑色，并设置描边色为无，如图 12-34 所示。选择 "选择" 工具，按住 Shift 键的同时，选取两个矩形。连续按 Ctrl+ [组合键，后移图形，效果如图 12-35 所示。

图 12-34　　　　　　　　　图 12-35

STEP 12 选择 "选择" 工具，选取需要的文字。在 "字符" 面板中进行设置，如图 12-36 所示，按 Enter 键确认操作，效果如图 12-37 所示。杂志封面设计制作完成，效果如图 12-38 所示。

图 12-36

图 12-37

图 12-38

12.2 服饰栏目设计

案例学习目标

学习在 Illustrator 中使用置入命令和文本工具制作服饰栏目。

案例知识要点

在 Illustrator 中，使用置入命令置入服饰图片，使用钢笔工具和创建剪切蒙版命令制作图片的蒙版效果，使用椭圆形工具和混合工具绘制标签图形，使用文本工具添加需要的栏目文字。服饰栏目设计效果如图 12-39 所示。

效果所在位置

资源包/Ch12/效果/服饰栏目设计/服饰栏目.ai。。

图 12-39

服饰栏目设计

Illustrator 应用

12.2.1　置入并编辑图片

STEP 1 打开 Illustrator 软件，按 Ctrl+N 组合键，新建一个 A4 文档。选择"文件 > 置入"命令，弹出"置入"对话框，选择资源包中的"Ch12 > 素材 > 服饰栏目设计 > 01~06"文件，单击"置入"按钮，多次单击以置入文件。选择"选择"工具，选取置入的图片，单击属性栏中的"嵌入"按钮，嵌入图片，并调整其大小，效果如图 12-40 所示。再次选取需要的图片，如图 12-41 所示。按 Ctrl+C 组合键，复制图片。

图 12-40   图 12-41

STEP 2 选择"钢笔"工具，在适当的位置绘制图形，如图 12-42 所示。选择"选择"工具，按住 Shift 键的同时，将图形和图片同时选取，按 Ctrl+7 组合键，创建剪切蒙版，效果如图 12-43 所示。

图 12-42   图 12-43

STEP 3 按 Ctrl+V 组合键，粘贴图片，并拖曳到适当的位置，效果如图 12-44 所示。选择"钢笔"工具，在适当的位置绘制图形，如图 12-45 所示。

图 12-44   图 12-45

STEP 4 选择"选择"工具，按住 Shift 键的同时，将图形和图片同时选取，按 Ctrl+7 组合键，创建剪切蒙版，效果如图 12-46 所示。连续按 Ctrl+ [组合键，后移图形，效果如图 12-47 所示。

图 12-46   图 12-47

STEP 5 选择"选择"工具 ，选取需要的图片，如图 12-48 所示。选择"镜像"工具 ，
向下拖曳鼠标翻转图片，效果如图 12-49 所示。选择"选择"工具 ，拖曳鼠标将其旋转到适当的角度，
效果如图 12-50 所示。

图 12-48   图 12-49   图 12-50

12.2.2　制作标签图形

STEP 1 选择"椭圆"工具 ，按住 Shift 键的同时，在适当的位置绘制圆形，如图 12-51 所示。
设置描边颜色为粉色（其 C、M、Y、K 值分别为 14、52、0、0），填充描边色，效果如图 12-52 所示。

图 12-51   图 12-52

STEP 2 选择"选择"工具 ，选取圆形。按 Ctrl+C 组合键复制图形，按 Ctrl+F 组合键原位粘
贴图形。按住 Alt+Shift 组合键的同时，等比例缩小图形，效果如图 12-53 所示。单击工具箱中的"互换填
色和描边"按钮 ，互换填充和描边，效果如图 12-54 所示。

图 12-53   图 12-54

STEP 3 选择 "矩形" 工具 ▣，绘制一个矩形，填充为白色，并设置描边色为无，效果如图 12-55 所示。选择 "选择" 工具 ▶，选取外围圆形，按 Ctrl+Shift+] 组合键，将圆形置于顶层，效果如图 12-56 所示。

图 12-55　　　　　　　　图 12-56

STEP 4 选择 "椭圆" 工具 ◉，按住 Shift 键的同时，在适当的位置绘制圆形，填充为白色，并设置描边色为无，效果如图 12-57 所示。选择 "选择" 工具 ▶，按住 Alt 键的同时，拖曳圆形到适当的位置，复制圆形，效果如图 12-58 所示。

图 12-57　　　　　　　　图 12-58

STEP 5 选择 "混合" 工具 ▣，在两个圆形间单击添加混合效果。选择 "对象 > 混合 > 混合选项" 命令，在弹出的对话框中进行设置，如图 12-59 所示，单击 "确定" 按钮，效果如图 12-60 所示。

图 12-59　　　　　　　　图 12-60

STEP 6 用相同的方法制作其他混合效果，如图 12-61 所示。选择 "选择" 工具 ▶，按住 Shift 键的同时，选取需要的混合图形，将属性栏中的 "不透明度" 选项设为 27%，按 Enter 键确认操作，效果如图 12-62 所示。

图 12-61　　　　　　　　图 12-62

STEP 7 选择"文字"工具 T，在适当的位置输入需要的文字，分别选取文字，在属性栏中选择合适的字体和文字大小，效果如图 12-63 所示。选取需要的文字，设置填充颜色为紫粉色（其 C、M、Y、K 值分别为 34、64、0、0），填充文字，效果如图 12-64 所示。

图 12-63   图 12-64

STEP 8 选择"文字"工具 T，在适当的位置输入需要的文字，选择"选择"工具 ，在属性栏中选择合适的字体和文字大小，填充文字为白色，效果如图 12-65 所示。用圈选的方法将需要的图形同时选取，按 Ctrl+G 组合键，群组图形，如图 12-66 所示。

图 12-65   图 12-66

STEP 9 选择"选择"工具 ，将群组图形拖曳到适当的位置，效果如图 12-67 所示。连续按 Ctrl+[组合键，后移图形，效果如图 12-68 所示。

图 12-67   图 12-68

12.2.3　添加介绍文字

STEP 1 选择"文字"工具 T，在适当的位置分别输入需要的文字，选择"选择"工具 ，在属性栏中选择合适的字体和文字大小，效果如图 12-69 所示。选择"文字"工具 T，拖曳鼠标绘制文本框，输入需要的文字，选择"选择"工具 ，在属性栏中选择合适的字体和文字大小，效果如图 12-70 所示。

图 12-69   图 12-70

STEP 2 用相同的方法输入其他段落文本，效果如图 12-71 所示。选择"文字"工具 T ，在适当的位置输入需要的文字，选择"选择"工具 ，在属性栏中选择合适的字体和文字大小，效果如图 12-72 所示。服饰栏目制作完成，效果如图 12-73 所示。

图 12-71   图 12-72   图 12-73

12.3 化妆品栏目设计

案例学习目标

学习在 Illustrator 中使用置入命令、文本工具和文本绕排命令制作化妆品栏目。

案例知识要点

在 Illustrator 中，使用置入命令置入化妆品图片，使用矩形工具、椭圆工具和创建剪切蒙版命令制作图片的蒙版效果，使用矩形工具和文本工具添加需要的栏目文字，使用文本绕排命令制作文本的绕排效果。化妆品栏目设计效果如图 12-74 所示。

效果所在位置

资源包/Ch12/效果/化妆品栏目设计/化妆品栏目 .ai。

图 12-74

化妆品栏目设计

Illustrator 应用

12.3.1　置入并编辑图片

STEP 1 打开 Illustrator 软件，按 Ctrl+N 组合键，新建一个 A4 文档。选择"文件 > 置入"命令，弹出"置入"对话框，选择资源包中的"Ch12 > 素材 > 化妆品栏目设计 > 01"文件，单击"置入"按钮，置入图片。选择"选择"工具 ▶，选取置入的图片，单击属性栏中的"嵌入"按钮，嵌入图片，并调整其大小，效果如图 12-75 所示。选择"矩形"工具 ▣，绘制一个矩形，效果如图 12-76 所示。

图 12-75　　　　　　　　　　　　　　　　　　图 12-76

STEP 2 选择"选择"工具 ▶，按住 Shift 键的同时，将矩形和图片同时选取，按 Ctrl+7 组合键，创建剪切蒙版，效果如图 12-77 所示。选择"文字"工具 T，在适当的位置分别输入需要的文字，选择"选择"工具 ▶，在属性栏中分别选择合适的字体和文字大小，效果如图 12-78 所示。

图 12-77　　　　　　　　　　　　　　　　　　图 12-78

STEP 3 选择"选择"工具 ▶，按住 Shift 键的同时，将需要的文字同时选取，设置填充颜色为朱红色（其 C、M、Y、K 值分别为 34、64、0、0），填充文字，效果如图 12-79 所示。选择"矩形"工具 ，绘制一个矩形，填充为白色，并设置描边色为无，效果如图 12-80 所示。

图 12-79

图 12-80

STEP 4 选择"选择"工具 ▶，选取矩形，连续按 Ctrl+[组合键，后移图形，效果如图 12-81 所示。选择"文件 > 置入"命令，弹出"置入"对话框，选择资源包中的"Ch12 > 素材 > 化妆品栏目设计 > 02"文件，单击"置入"按钮，置入图片。选择"选择"工具 ▶，选取置入的图片，单击属性栏中的"嵌入"按钮，嵌入图片，并调整其大小，效果如图 12-82 所示。

图 12-81

图 12-82

STEP 5 选择"文件 > 置入"命令，弹出"置入"对话框，选择资源包中的"Ch12 > 素材 > 化妆品栏目设计 > 03~07"文件，单击"置入"按钮，多次单击置入文件。选择"选择"工具 ▶，选取置入的图片，单击属性栏中的"嵌入"按钮，嵌入图片，并调整其大小，效果如图 12-83 所示。按住 Shift 键的同时，将需要的图片同时选取，按 Ctrl+Shift+] 组合键，将图形置于顶层，效果如图 12-84 所示。

图 12-83

图 12-84

STEP 6 选择"椭圆"工具 ◯，按住 Shift 键的同时，在适当的位置绘制圆形，如图 12-85 所示。

选择"选择"工具 ⬈，按住 Shift 键的同时，将圆形和图片同时选取，按 Ctrl+7 组合键，创建剪切蒙版，效果如图 12-86 所示。连续按 Ctrl+ [组合键，后移图形，效果如图 12-87 所示。

图 12-85   图 12-86   图 12-87

12.3.2　添加栏目内容

STEP🔽1 选择"矩形"工具 ▣，按住 Shift 键的同时，绘制一个正方形，填充为黑色，并设置描边色为无，效果如图 12-88 所示。选择"文字"工具 T，在适当的位置输入需要的文字，选择"选择"工具 ⬈，在属性栏中选择合适的字体和文字大小，效果如图 12-89 所示。设置填充颜色为橙黄色（其 C、M、Y、K 值分别为 0、35、85、0），填充文字，效果如图 12-90 所示。

图 12-88   图 12-89   图 12-90

STEP🔽2 选择"直排文字"工具 �，在适当的位置输入需要的文字，选择"选择"工具 ⬈，在属性栏中选择合适的字体和文字大小，填充文字为白色，效果如图 12-91 所示。用相同的方法制作其他图形和文字，效果如图 12-92 所示。

图 12-91   图 12-92

STEP🔽3 选择"文字"工具 T，拖曳鼠标绘制文本框，输入需要的文字，选择"选择"工具 ⬈，在属性栏中选择合适的字体和文字大小，效果如图 12-93 所示。选择"窗口 > 文字 > 字符"命令，在弹出的面板中进行设置，如图 12-94 所示，按 Enter 键确认操作，效果如图 12-95 所示。

图 12-93

图 12-94

图 12-95

STEP 4 保持文字的选取状态，连续按 Ctrl+[组合键，后移文字，效果如图 12-96 所示。选取需要的图片，选择"对象 > 文本绕排 > 建立"命令，制作文本绕排效果，如图 12-97 所示。

图 12-96

图 12-97

STEP 5 用上述方法制作其他栏目文字，效果如图 12-98 和图 12-99 所示。选择"选择"工具，选取需要的文字，连续按 Ctrl+[组合键，后移文字，效果如图 12-100 所示。

图 12-98   图 12-99   图 12-100

STEP 6 选取需要的图片，选择"对象 > 文本绕排 > 建立"命令，制作文本绕排效果，如图 12-101 所示。选择"文字"工具，在适当的位置输入需要的文字，选择"选择"工具，在属性栏中选择合适的字体和文字大小，效果如图 12-102 所示。化妆品栏目制作完成，效果如图 12-103 所示。

图 12-101

图 12-102

图 12-103

12.4 课后习题——时尚女人栏目设计

习题知识要点

在 Photoshop 中，使用横排文字工具和图层面板制作背景文字，使用椭圆工具、图层蒙版和画笔工具制作主体人物。在 Illustrator 中，使用钢笔工具、椭圆工具和描边面板制作眼睛图形，使用文本工具和字符面板添加栏目名称和其他内容。时尚女人栏目效果如图 12-104 所示。

效果所在位置

资源包/Ch12/效果/时尚女人栏目设计/时尚女人栏目.ai。

图 12-104

 时尚女人栏目设计 1

 时尚女人栏目设计 2

Chapter

13

第 13 章
包装设计

包装代表着一件商品的品牌形象，好的包装可以让商品在同类产品中脱颖而出，吸引消费者的注意力并引发其购买行为。包装可以起到保护美化商品及传达商品信息的作用，好的包装更可以极大地提高商品的价值。本章以雪糕包装和牛奶包装设计为例，讲解包装的设计方法和制作技巧。

课堂学习目标

- 在 Illustrator 软件中制作包装平面展开图
- 在 Photoshop 软件中制作包装立体效果图

13.1 雪糕包装设计

案例学习目标

学习在 Illustrator 中使用绘图工具、填充工具和变换命令制作包装的平面图案。在 Photoshop 中使用钢笔工具、画笔工具和图层面板制作包装立体效果。

案例知识要点

在 Illustrator 中，使用钢笔工具和对称变换命令绘制兔子耳朵，使用椭圆工具、复制命令和对称变换命令制作眼睛图形，使用矩形工具、椭圆形工具、渐变工具和路径查找器面板制作嘴图形，使用钢笔工具和创建剪切蒙版命令制作巧克力流淌效果。在 Photoshop 中，使用钢笔工具、图层面板和画笔工具制作阴影与高光，使用复制命令和变换工具制作包装变换效果。雪糕包装设计效果如图 13-1 所示。

效果所在位置

资源包/Ch13/效果/雪糕包装设计/雪糕包装.ai。

图 13-1

Illustrator 应用

13.1.1 绘制兔子耳朵

STEP 1 打开 Illustrator 软件，按 Ctrl+N 组合键新建一个文档，宽度为 297mm，高度为 210mm，颜色模式为 CMYK，单击"确定"按钮。选择"矩形"工具 ，绘制一个矩形。设置图形填充颜色为浅黄色（其 C、M、Y、K 值分别为 0、0、19、0），填充图形，并设置描边色为无，效果如图 13-2 所示。

雪糕包装设计 1

STEP 2 选择"选择"工具 ，按 Ctrl+C 组合键，复制图形。按 Ctrl+F 组合键，原位粘贴图形。向下拖曳上方中间的控制手柄到适当的位置，效果如图 13-3 所示。设置图形颜色为紫粉色（其 C、M、Y、K 值分别为 15、60、0、0），填充图形，效果如图 13-4 所示。

图 13-2　　　　图 13-3　　　　图 13-4

STEP 3 选择"钢笔"工具 ✐，在适当的位置绘制图形，如图 13-5 所示。设置图形填充颜色为紫粉色（其 C、M、Y、K 值分别为 15、60、0、0），填充图形，并设置描边色为无，效果如图 13-6 所示。

STEP 4 选择"钢笔"工具 ✐，在适当的位置绘制图形，如图 13-7 所示。设置图形填充颜色为黄绿色（其 C、M、Y、K 值分别为 15、0、100、0），填充图形，并设置描边色为无，效果如图 13-8 所示。

图 13-5　　　　　　　图 13-6　　　　　　　图 13-7　　　　　　　图 13-8

STEP 5 选择"选择"工具 ▶，按住 Shift 键的同时，将需要的图形同时选取，如图 13-9 所示。选择"对象 > 变换 > 对称"命令，在弹出的对话框中进行设置，如图 13-10 所示，单击"复制"按钮，效果如图 13-11 所示。拖曳图形到适当的位置，效果如图 13-12 所示。

图 13-9　　　　　　　图 13-10　　　　　　　图 13-11　　　　　　　图 13-12

STEP 6 选择"多边形"工具 ◯，在适当的位置单击，弹出对话框，选项的设置如图 13-13 所示，单击"确定"按钮，绘制多边形，如图 13-14 所示。设置图形填充颜色为黄绿色（其 C、M、Y、K 值分别为 15、0、100、0），填充图形，并设置描边色为无，效果如图 13-15 所示。

图 13-13　　　　　　　图 13-14　　　　　　　图 13-15

STEP 7 选择"选择"工具 ▶，选取需要的图形。选择"镜像"工具 �ём，按住 Shift 键的同时，向下拖曳图形，翻转图形，效果如图 13-16 所示。选择"选择"工具 ▶，按住 Alt 键的同时，将图形拖曳到适当的位置，复制图形，效果如图 13-17 所示。用相同的方法再次复制图形，效果如图 13-18 所示。

图 13-16　　　　　　　　　　图 13-17　　　　　　　　　　图 13-18

13.1.2　绘制兔子眼睛

STEP 1 选择"椭圆"工具 ⬭，按住 Shift 键的同时，在适当的位置绘制圆形，效果如图 13-19 所示。设置图形填充颜色为淡蓝色（其 C、M、Y、K 值分别为 12、0、5、0），填充图形，设置描边颜色为暗灰色（其 C、M、Y、K 值分别为 0、100、100、90），填充描边。在属性栏中将"描边粗细"选项设为 2pt，按 Enter 键确认操作，效果如图 13-20 所示。

图 13-19　　　　　　　　　图 13-20

STEP 2 选择"选择"工具 �, 按 Ctrl+C 组合键，复制图形。按 Ctrl+F 组合键，原位粘贴图形。按住 Alt+Shift 组合键的同时，向内拖曳控制手柄等比例缩小图形，效果如图 13-21 所示。设置图形填充颜色为绿色（其 C、M、Y、K 值分别为 50、8、35、0），填充图形，并设置描边色为无，效果如图 13-22 所示。用相同的方法复制图形，设置图形填充颜色为暗灰色（其 C、M、Y、K 值分别为 0、100、100、90），填充图形，效果如图 13-23 所示。

图 13-21　　　　　　　　图 13-22　　　　　　　　图 13-23

STEP 3 选择"椭圆"工具 ⬭，在适当的位置绘制椭圆形，填充为白色，并设置描边色为无，效果如图 13-24 所示。选择"钢笔"工具 ✎，在适当的位置绘制图形。设置图形填充颜色为暗灰色（其 C、M、Y、K 值分别为 0、100、100、90），填充图形，并设置描边色为无，效果如图 13-25 所示。

STEP 4 选择"椭圆"工具 ⬭，在适当的位置绘制椭圆形，设置图形填充颜色为浅粉色（其 C、M、Y、K 值分别为 0、30、0、0），填充图形，并设置描边色为无，效果如图 13-26 所示。选择"选择"工具 ▸，按住 Shift 键的同时，将需要的图形同时选取，按 Ctrl+G 组合键，群组图形，效果如图 13-27 所示。

图 13-24

图 13-25

图 13-26

图 13-27

STEP 5 选择"对象 > 变换 > 对称"命令，在弹出的对话框中进行设置，如图 13-28 所示，单击"复制"按钮，效果如图 13-29 所示。

图 13-28

图 13-29

STEP 6 选择"选择"工具 ，将复制的图形拖曳到适当的位置，效果如图 13-30 所示。按 Ctrl+Shift+G 组合键，取消图形编组，并分别调整图形的位置和角度，效果如图 13-31 所示。

图 13-30

图 13-31

13.1.3 绘制鼻子和嘴巴

STEP 1 选择"椭圆"工具 ，在适当的位置绘制椭圆形，设置图形填充颜色为暗灰色（其 C、M、Y、K 值分别为 0、100、100、90），填充图形，并设置描边色为无，效果如图 13-32 所示。用相同的方法再绘制一个椭圆形，设置图形填充颜色为淡粉色（其 C、M、Y、K 值分别为 0、10、0、0），填充图形，并设置描边色为无，效果如图 13-33 所示。

图 13-32

图 13-33

STEP☑2 选择"椭圆"工具 ，在适当的位置绘制椭圆形，如图 13-34 所示。选择"矩形"工具 ，绘制一个矩形，如图 13-35 所示。

图 13-34

图 13-35

STEP☑3 选择"选择"工具 ，按住 Shift 键的同时，将需要的图形同时选取。选择"窗口 > 路径查找器"命令，在弹出的面板中单击需要的按钮，如图 13-36 所示，修剪后的图形如图 13-37 所示。

图 13-36

图 13-37

STEP☑4 双击"渐变"工具 ，弹出"渐变"控制面板，在色带上设置 2 个渐变滑块，分别将渐变滑块的位置设为 0、100，并设置 C、M、Y、K 的值分别为 0（16、80、14、0）、100（50、100、50、0），其他选项的设置如图 13-38 所示，图形被填充为渐变色，并设置描边色为无，效果如图 13-39 所示。

图 13-38

图 13-39

STEP☑5 选择"矩形"工具 ，绘制一个矩形，填充图形为白色，并设置描边色为无，效果如图 13-40 所示。选择"选择"工具 ，按住 Alt 键的同时，复制图形到适当的位置，效果如图 13-41 所示。

图 13-40　　　　　　　　　　　　　　图 13-41

13.1.4　绘制糖球

STEP 1 选择"椭圆"工具 ◉，按住 Shift 键的同时，在适当的位置绘制圆形。双击"渐变"工具 ▣，弹出"渐变"控制面板，在色带上设置 2 个渐变滑块，分别将渐变滑块的位置设为 0、100，并设置 C、M、Y、K 的值分别为 0（0、0、47、0）、100（0、46、100、21），其他选项的设置如图 13-42 所示，图形被填充为渐变色，并设置描边色为无，效果如图 13-43 所示。

图 13-42　　　　　　　　　　　　图 13-43

STEP 2 选择"钢笔"工具 ✐，在适当的位置绘制图形，如图 13-44 所示。双击"渐变"工具 ▣，弹出"渐变"控制面板，在色带上设置 2 个渐变滑块，分别将渐变滑块的位置设为 0、100，并设置 C、M、Y、K 的值分别为 0（50、100、100、30）、100（50、100、100、80），其他选项的设置如图 13-45 所示，图形被填充为渐变色，并设置描边色为无，效果如图 13-46 所示。

图 13-44　　　　　　　　图 13-45　　　　　　　　图 13-46

STEP 3 选择"钢笔"工具 ✐，在适当的位置绘制图形，如图 13-47 所示。设置图形填充颜色为咖啡色（其 C、M、Y、K 值分别为 64、99、99、64），填充图形，并设置描边色为无，效果如图 13-48

所示。选择"选择"工具 ![arrow]，选取需要的图形，按 Ctrl+C 组合键，复制图形。按 Ctrl+F 组合键，原位粘贴图形，如图 13-49 所示。

图 13-47   图 13-48   图 13-49

STEP 4 选择"选择"工具 ![arrow]，选取复制的图形。按 Ctrl+] 组合键，前移图形，效果如图 13-50 所示。按住 Shift 键的同时，将需要的图形同时选取，按 Ctrl+7 组合键，创建剪切蒙版，效果如图 13-51 所示。按住 Shift 键的同时，将需要的图形同时选取，拖曳光标将图形旋转到适当的角度，效果如图 13-52 所示。

图 13-50   图 13-51   图 13-52

STEP 5 选择"钢笔"工具 ![pen]，在适当的位置绘制图形，如图 13-53 所示。双击"渐变"工具 ![gradient]，弹出"渐变"控制面板，在色带上设置 2 个渐变滑块，分别将渐变滑块的位置设为 0、100，并设置 C、M、Y、K 的值分别为 0（50、100、100、30）、100（50、100、100、80），其他选项的设置如图 13-54 所示，图形被填充为渐变色，并设置描边色为无，效果如图 13-55 所示。

图 13-53   图 13-54   图 13-55

STEP 6 选择"选择"工具 ![arrow]，按住 Shift 键的同时，将需要的图形同时选取，拖曳光标将图形旋转到适当的角度，效果如图 13-56 所示。选择"椭圆"工具 ![ellipse]，在适当的位置绘制椭圆形，填充与图形相同的渐变色，并设置描边色为无，效果如图 13-57 所示。选择"选择"工具 ![arrow]，按住 Shift 键的同时，将需要的图形同时选取，连续按 Ctrl+[组合键，后移图形，效果如图 13-58 所示。

图 13-56　　　　　　　　图 13-57　　　　　　　　图 13-58

13.1.5　绘制手形

STEP 1 选择"钢笔"工具，在适当的位置绘制图形，如图 13-59 所示。设置图形填充颜色为黄绿色（其 C、M、Y、K 值分别为 15、0、100、0），填充图形，并设置描边色为无，效果如图 13-60所示。

图 13-59　　　　　　　　　　　图 13-60

STEP 2 选择"选择"工具，选取需要的图形，拖曳光标将图形旋转到适当的角度，效果如图 13-61 所示。选择"镜像"工具，按住 Shift 键的同时，向右拖曳翻转图形，效果如图 13-62 所示。拖曳到适当的位置，如图 13-63 所示。

图 13-61　　　　　　　　图 13-62　　　　　　　　图 13-63

13.1.6　绘制标志和领结

STEP 1 选择"多边形"工具，在适当的位置单击，弹出对话框，选项的设置如图 13-64 所示，单击"确定"按钮，绘制多边形，如图 13-65 所示。

雪糕包装设计 2

图 13-64

图 13-65

STEP 2 设置图形填充颜色为蔚蓝色（其 C、M、Y、K 值分别为 100、22、17、0），填充图形，并设置描边色为无，效果如图 13-66 所示。选择"直接选择"工具 ▶，分别拖曳节点到适当的位置，效果如图 13-67 所示。

图 13-66　　　　　　　图 13-67

STEP 3 选择"钢笔"工具 ✐，在适当的位置绘制多个图形，填充为白色，并设置描边色为无，效果如图 13-68 所示。选择"椭圆"工具 ● 和"矩形"工具 ■，绘制需要的椭圆形和矩形，填充为白色，并设置描边色为无，如图 13-69 所示。

图 13-68　　　　　　　图 13-69

STEP 4 选择"选择"工具 ▶，按住 Shift 键的同时，将需要的图形同时选取，设置图形填充颜色为黄绿色（其 C、M、Y、K 值分别为 15、0、100、0），填充图形，并设置描边色为无，效果如图 13-70 所示。选择"选择"工具 ▶，用圈选的方法将需要的图形同时选取，拖曳到适当的位置，效果如图 13-71 所示。

图 13-70　　　　　　　图 13-71

STEP 5 选择"椭圆"工具 ●，在适当的位置绘制椭圆形，设置图形填充颜色为竹绿色（其 C、M、Y、K 值分别为 55、5、20、0），填充图形，并设置描边色为无，效果如图 13-72 所示。用相同的方法再次绘制椭圆形，并填充相同的颜色，效果如图 13-73 所示。

STEP 6 选择"钢笔"工具 ✐，在适当的位置绘制图形，如图 13-74 所示。设置图形填充颜色为钴绿色（其 C、M、Y、K 值分别为 66、0、39、0），填充图形，并设置描边色为无，效果如图 13-75 所示。

图 13-72

图 13-73

图 13-74

图 13-75

STEP 7 选择"选择"工具 ，选取需要的图形，选择"镜像"工具 ，按住 Shift 键的同时，向右、向下拖曳翻转图形，效果如图 13-76 所示。将图形拖曳到适当的位置，如图 13-77 所示。选择"矩形"工具 ，在适当的位置绘制矩形，并填充与图形相同的颜色，效果如图 13-78 所示。

图 13-76

图 13-77

图 13-78

STEP 8 选择"选择"工具 ，用圈选的方法将需要的图形同时选取，将图形拖曳到适当的位置，效果如图 13-79 所示。雪糕包装图案绘制完成，效果如图 13-80 所示。按 Ctrl+Shift+S 组合键，弹出"存储为"对话框，将其命名为"雪糕包装图案"，保存为 AI 格式，单击"保存"按钮，将文件保存。

图 13-79

图 13-80

Photoshop 应用

13.1.7 绘制背景和包装

STEP 1 打开 Photoshop 软件，按 Ctrl + N 组合键，新建一个文件：宽度为 10cm，高度为 8cm，分辨率为 300 像素/英寸，颜色模式为 RGB，背景内容为白色。选择"油漆桶"工具 ，在属性栏中设置为"图案"填充。单击"图案"选项右侧的按钮 ，在弹出的面板中单击右上角的 按钮，在弹出的菜单中选择"彩色纸"命令，弹出提示对话框，单击"追加"按钮。在面板中选择需要的图案，如图 13-81 所示。在图像窗口中单击鼠标填充图形，效果如图 13-82 所示。

雪糕包装设计 3

图 13-81   图 13-82

STEP 2 新建图层并将其命名为"外形"。将前景色设为粉色（其 R、G、B 的值分别为 213、128、178）。选择"钢笔"工具 ，在属性栏的"选择工具模式"选项中选择"路径"，在图像窗口中绘制路径，如图 13-83 所示。按 Ctrl+Enter 组合键，将路径转化为选区。按 Alt+Delete 组合键，用前景色填充选区，取消选区后，效果如图 13-84 所示。

图 13-83   图 13-84

STEP 3 单击"图层"控制面板下方的"添加图层样式"按钮 fx，在弹出的菜单中选择"投影"命令，在弹出的对话框中进行设置，如图 13-85 所示；选择"斜面和浮雕"选项，在弹出的面板中进行设置，如图 13-86 所示，单击"确定"按钮，效果如图 13-87 所示。

STEP 4 按 Ctrl + O 组合键，打开资源包中的"Ch13 > 效果 > 雪糕包装图案"文件。选择"移动"工具 ，将图片拖曳到图像窗口中适当的位置，并调整其大小，效果如图 13-88 所示，在"图层"控制面板中生成新图层并将其命名为"图案"。

图 13-85   图 13-86

图 13-87

图 13-88

STEP5 按住 Alt 键的同时，将光标置于适当的位置，当光标变为 ↓□ 形状时单击鼠标，如图 13-89 所示，创建剪切蒙版，图层面板如图 13-90 所示，图像窗口中的效果如图 13-91 所示。

图 13-89

图 13-90

图 13-91

13.1.8　添加阴影和高光

STEP1 新建图层并将其命名为"底部阴影"。将前景色设为暗粉色（其 R、G、B 的值分别为 182、103、150）。选择"钢笔"工具 ，在图像窗口中绘制路径，如图 13-92 所示。按 Ctrl+Enter 组合键，将路径转化为选区。按 Alt+Delete 组合键，用前景色填充选区，取消选区后，效果如图 13-93 所示。

图 13-92

图 13-93

STEP2 单击"图层"控制面板下方的"添加图层蒙版"按钮 ，为图层添加蒙版。将前景色设为黑色。选择"画笔"工具 ，在属性栏中单击"画笔"选项右侧的按钮 ，在弹出的画笔面板中选择需要的画笔形状，其他选项的设置如图 13-94 所示。在属性栏中将"不透明度"选项设为 50%，在图像窗口中擦除不需要的图形，效果如图 13-95 所示。

图 13-94

图 13-95

STEP 3 新建图层并将其命名为"纹理"。将前景色设为暗粉色（其 R、G、B 的值分别为 182、103、150）。选择"钢笔"工具，在图像窗口中绘制路径，如图 13-96 所示。按 Ctrl+Enter 组合键，将路径转化为选区。按 Alt+Delete 组合键，用前景色填充选区，取消选区后，效果如图 13-97 所示。

图 13-96

图 13-97

STEP 4 选择"移动"工具，按住 Alt+Shift 组合键的同时，将图形拖曳到适当的位置，复制图形，效果如图 13-98 所示。用相同的方法复制其他两个图形，效果如图 13-99 所示。

图 13-98

图 13-99

STEP 5 在"图层"控制面板中选择"纹理"图层，将该图层的"不透明度"选项设为 60%，如图 13-100 所示，图像窗口中的效果如图 13-101 所示。用相同的方法分别调整其他图形，效果如图 13-102 所示。再绘制包装上方的图形，效果如图 13-103 所示。

图 13-100

图 13-101

图 13-102

图 13-103

STEP **6** 新建图层并将其命名为"暗影 1"。将前景色设为暗灰色（其 R、G、B 的值分别为 94、94、94）。选择"钢笔"工具 ✐，在图像窗口中绘制路径，如图 13-104 所示。按 Ctrl+Enter 组合键，将路径转化为选区。按 Alt+Delete 组合键，用前景色填充选区，取消选区后，效果如图 13-105 所示。

STEP **7** 单击"图层"控制面板下方的"添加图层蒙版"按钮 ◙，为图层添加蒙版。将前景色设为黑色。选择"画笔"工具 ✐，在图像窗口中擦除不需要的图形，效果如图 13-106 所示。

图 13-104

图 13-105

图 13-106

STEP **8** 在"图层"控制面板上方，将"暗影 1"图层的混合模式选项设为"正片叠底"，"不透明度"选项设为 25%，如图 13-107 所示，图像窗口中的效果如图 13-108 所示。

STEP **9** 新建图层并将其命名为"高光 5"。将前景色设为白色。选择"钢笔"工具 ✐，在图像窗口中绘制路径。按 Ctrl+Enter 组合键，将路径转化为选区。按 Alt+Delete 组合键，用前景色填充选区，取消选区后，效果如图 13-109 所示。

STEP **10** 单击"图层"控制面板下方的"添加图层蒙版"按钮 ◙，为图层添加蒙版。将前景色设为黑色。选择"画笔"工具 ✐，在图像窗口中擦除不需要的图形，效果如图 13-110 所示。在"图层"控制面板上方，将"高光 5"图层的"不透明度"选项设为 42%，如图 13-111 所示，图像窗口中的效果如图 13-112 所示。

图 13-107

图 13-108

图 13-109

图 13-110

图 13-111

图 13-112

STEP 11 新建图层并将其命名为"高光 1"。将前景色设为白色。选择"钢笔"工具 ，在图像窗口中绘制路径。按 Ctrl+Enter 组合键，将路径转化为选区。按 Alt+Delete 组合键，用前景色填充选区，取消选区后，效果如图 13-113 所示。在"图层"控制面板上方，将该图层的混合模式选项设为"叠加"，"不透明度"选项设为 76%，如图 13-114 所示，图像窗口中的效果如图 13-115 所示。

图 13-113

图 13-114

图 13-115

STEP 12 用相同的方法绘制其他高光图形，效果如图 13-116 所示。选中"高光 5"图层，按住 Shift 键的同时，单击"底部阴影"图层，将两个图层之间的所有图层同时选取，按 Ctrl+Alt+G 组合键，创建剪切蒙版，效果如图 13-117 所示。

STEP 13 选中"高光 4"图层，按住 Shift 键的同时，单击"外形"图层，将两个图层之间的所有图层同时选取，按 Ctrl+G 组合键，群组图层，"图层"控制面板如图 13-118 所示。

图 13-116

图 13-117

图 13-118

13.1.9 添加图形和文字

STEP 1 选择"移动"工具 ，按住 Alt 键的同时，将图形拖曳到适当的位置，复制图形，效果如图 13-119 所示。按 Ctrl+T 组合键，在图像周围出现变换框，按住 Alt+Shift 组合键的同时，拖曳右上角的控制手柄等比例缩小图片，拖曳光标将图形旋转到适当的角度，按 Enter 键确认操作，效果如图 13-120 所示。

图 13-119

图 13-120

STEP 2 在 Illustrator 软件中，打开资源包中的"Ch13 > 效果 > 雪糕包装图案"文件。选择"选择"工具 ，选取文字。按 Ctrl+C 组合键，复制图形。返回 Photoshop 软件，按 Ctrl+V 组合键，将复制的文字粘贴在图像窗口中，调整其大小和位置，按 Enter 键确认操作，效果如图 13-121 所示。

STEP 3 单击"图层"控制面板下方的"添加图层样式"按钮 **fx.**，在弹出的菜单中选择"颜色叠加"命令，弹出对话框，将叠加颜色设为棕色（其 R、G、B 的值分别为 213、148、128），其他选项的设置如图 13-122 所示，单击"确定"按钮，效果如图 13-123 所示。雪糕包装设计效果制作完成。

图 13-121

图 13-122

图 13-123

STEP 4 按 Ctrl+Shift+E 组合键，合并可见图层。按 Ctrl+Shift+S 组合键，弹出"存储为"对话框，将其命名为"雪糕包装立体效果"，保存图像为 TIFF 格式，单击"保存"按钮，弹出"TIFF 选项"对话框，单击"确定"按钮，将图像保存。

13.2 奶粉包装设计

案例学习目标

学习在 Illustrator 中使用绘图工具、填充工具和文字工具制作包装立体效果。在 Photoshop 中使用填充工具和图层面板制作包装广告。

🔍 **案例知识要点**

　　在 Illustrator 中，使用矩形工具、椭圆工具、路径查找器面板和渐变工具绘制包装主体部分，使用椭圆工具、直接选择工具和排列命令绘制狮子和标签图形，使用文本工具、字符面板和渐变工具添加相关信息。在 Photoshop 中，使用渐变工具制作背景效果，使用复制命令、变换命令、图层蒙版、渐变工具和画笔工具制作阴影效果。奶粉包装设计效果如图 13-124 所示。

🔍 **效果所在位置**

　　资源包/Ch13/效果/奶粉包装设计/奶粉包装.ai。

图 13-124

Illustrator 应用

13.2.1 绘制包装主体部分

STEP 1 打开 Illustrator 软件，按 Ctrl+N 组合键，新建一个 A4 文档。选择"矩形"工具 ▣，绘制一个矩形，如图 13-125 所示。选择"椭圆"工具 ●，在适当的位置绘制椭圆形，如图 13-126 所示。

奶粉包装设计 1

STEP 2 选择"选择"工具 ▶，按住 Shift 键的同时，将需要的图形同时选取。选择"窗口 > 路径查找器"命令，在弹出的面板中单击需要的按钮，如图 13-127 所示，修剪后的图形如图 13-128 所示。

STEP 3 双击"渐变"工具 ▣，弹出"渐变"控制面板，在色带上设置 3 个渐变滑块，分别将渐变滑块的位置设为 0、50、100，并设置 C、M、Y、K 的值分别为 0（0、0、0、20）、50（0、0、0、0）、100（0、0、0、20），其他选项的设置如图 13-129 所示，图形被填充为渐变色，并设置描边色为无，效果如图 13-130 所示。

图 13-125　　　　　　　图 13-126

图 13-127　　　　　　　　　　　　　图 13-128

图 13-129　　　　　　　　　　　　　图 13-130

STEP 4 选择"钢笔"工具 ，在适当的位置绘制图形，如图 13-131 所示。双击"渐变"工具 ，弹出"渐变"控制面板，在色带上设置 5 个渐变滑块，分别将渐变滑块的位置设为 0、51、83、90、100，并设置 C、M、Y、K 的值分别为 0（0、0、0、18）、51（0、0、0、0）、83（0、0、0、30）、90（0、0、0、40）、100（0、0、0、29），其他选项的设置如图 13-132 所示，图形被填充为渐变色，并设置描边色为无，效果如图 13-133 所示。

图 13-131　　　　　　　　图 13-132　　　　　　　　图 13-133

STEP 5 选择"矩形"工具 ，绘制一个矩形，如图 13-134 所示。双击"渐变"工具 ，弹出"渐变"控制面板，在色带上设置 6 个渐变滑块，分别将渐变滑块的位置设为 0、20、51、76、94、100，并设置 C、M、Y、K 的值分别为 0（0、0、0、18）、20（0、0、0、30）、51（0、0、0、0）、76（0、0、0、30）、94（0、0、0、61）、100（0、0、0、29），其他选项的设置如图 13-135 所示，图形被填充为渐变色，并设置描边色为无，效果如图 13-136 所示。

图 13-134

图 13-135

图 13-136

STEP 6 选择"选择"工具 ，按住 Alt+Shift 组合键的同时，垂直向下拖曳图形到适当的位置，复制图形，效果如图 13-137 所示。再次复制图形到适当的位置，效果如图 13-138 所示。

图 13-137   图 13-138

STEP 7 选择"钢笔"工具 ，在适当的位置绘制图形，如图 13-139 所示。双击"渐变"工具 ，弹出"渐变"控制面板，在色带上设置 5 个渐变滑块，分别将渐变滑块的位置设为 0、51、79、90、100，并设置 C、M、Y、K 的值分别为 0（0、0、0、18）、51（26、0、21、32）、79（67、29、38、57）、90（43、0、34、75）、100（0、0、0、29），其他选项的设置如图 13-140 所示，图形被填充为渐变色，并设置描边色为无，效果如图 13-141 所示。

图 13-139

图 13-140

图 13-141

STEP 8 选择"钢笔"工具 ，在适当的位置绘制图形，填充为白色，并设置描边色为无，效果如图 13-142 所示。

图 13-142

STEP 9 选择"文件 > 置入"命令，弹出"置入"对话框，选择资源包中的"Ch13 > 素材 > 奶

粉包装设计 ＞01"文件，单击"置入"按钮，置入文件。单击属性栏中的"嵌入"按钮，嵌入图片，并调整其大小，效果如图 13-143 所示。

STEP 10 选择"选择"工具 ，选取需要的图形，按 Ctrl+C 组合键，复制图形。按 Ctrl+F 组合键，原位粘贴图形，如图 13-144 所示。按 Ctrl+Shift+] 组合键，将图形移到最前面，效果如图 13-145 所示。

图 13-143

图 13-144

图 13-145

STEP 11 按住 Shift 键的同时，将图形和图片同时选取，按 Ctrl+7 组合键，创建剪切蒙版，效果如图 13-146 所示。连续按 Ctrl+[组合键，将图形后移，效果如图 13-147 所示。

图 13-146

图 13-147

13.2.2 绘制狮子图形

STEP 1 选择"钢笔"工具 ，在适当的位置绘制图形，如图 13-148 所示。设置图形填充颜色为砖红色（其 C、M、Y、K 值分别为 35、65、80、0），填充图形，并设置描边色为无，效果如图 13-149 所示。

奶粉包装设计 2

图 13-148

图 13-149

STEP 2 选择"椭圆"工具 ⬭，在适当的位置绘制椭圆形，如图 13-150 所示。选择"直接选择"工具 ▷，分别拖曳节点到适当的位置，效果如图 13-151 所示。

STEP 3 选择"选择"工具 ▶，设置图形填充颜色为橙黄色（其 C、M、Y、K 值分别为 0、30、90、0），填充图形，并设置描边色为无，效果如图 13-152 所示。用相同的方法绘制其他图形，并填充相同的颜色，效果如图 13-153 所示。

图 13-150　　　　　　图 13-151　　　　　　图 13-152　　　　　　图 13-153

STEP 4 选择"椭圆"工具 ⬭，按住 Shift 键的同时，在适当的位置绘制圆形，填充图形为白色，并设置描边色为无，效果如图 13-154 所示。用相同的方法再次绘制圆形，设置图形填充颜色为粟色（其 C、M、Y、K 值分别为 50、100、100、20），填充图形，并设置描边色为无，效果如图 13-155 所示。

图 13-154　　　　　　图 13-155

STEP 5 选择"选择"工具 ▶，按住 Shift 键的同时，将需要的图形同时选取。按住 Alt 键的同时，拖曳图形到适当的位置，复制图形，效果如图 13-156 所示。拖曳较小的圆形到适当的位置，效果如图 13-157 所示。

图 13-156　　　　　　图 13-157

STEP 6 选择"椭圆"工具 ⬭，在适当的位置绘制椭圆形。选择"直接选择"工具 ▷，分别拖曳节点到适当的位置，设置图形填充颜色为粟色（其 C、M、Y、K 值分别为 50、100、100、20），填充图形，并设置描边色为无，效果如图 13-158 所示。

STEP 7 选择"钢笔"工具 ✐，在适当的位置绘制曲线，设置描边颜色为粟色（其 C、M、Y、K 值分别为 50、100、100、20），填充描边色，效果如图 13-159 所示。

图 13-158   图 13-159

STEP 8 选择"钢笔"工具 ✐，在适当的位置绘制图形，填充为白色，并设置描边色为无，效果如图 13-160 所示。按 Ctrl+[组合键，将图形后移，效果如图 13-161 所示。

STEP 9 选择"椭圆"工具 ◯，按住 Shift 键的同时，在适当的位置绘制圆形，设置图形填充颜色为砖红色（其 C、M、Y、K 值分别为 35、65、80、0），填充图形，并设置描边色为无，效果如图 13-162 所示。选择"选择"工具 ▶，按住 Alt 键的同时，多次拖曳图形到适当的位置，复制图形，效果如图 13-163 所示。

图 13-160   图 13-161

图 13-162   图 13-163

STEP 10 选择"钢笔"工具 ✐，在适当的位置绘制图形，设置图形填充颜色为橙黄色（其 C、M、Y、K 值分别为 0、30、90、0），填充图形，并设置描边色为无，效果如图 13-164 所示。选择"选择"工具 ▶，按住 Shift 键的同时，将需要的图形同时选取。连续按 Ctrl+[组合键，将图形置于底层，效果如图 13-165 所示。

STEP 11 选择"钢笔"工具 ✐，在适当的位置绘制图形，设置图形填充颜色为橙黄色（其 C、M、Y、K 值分别为 0、30、90、0），填充图形，并设置描边色为无，效果如图 13-166 所示。选择"选择"工具 ▶，将需要的图形选取。连续按 Ctrl+[组合键，将图形置于底层，效果如图 13-167 所示。

图 13-164

图 13-165

图 13-166

图 13-167

STEP▶12 选择"钢笔"工具 ✐ ，在适当的位置绘制图形，设置填充颜色为橙黄色（其 C、M、Y、K 值分别为 0、30、90、0），填充图形，并设置描边色为无，效果如图 13-168 所示。再绘制一个图形，设置填充颜色为砖红色（其 C、M、Y、K 值分别为 35、65、80、0），填充图形，并设置描边色为无，效果如图 13-169 所示。

STEP▶13 选择"选择"工具 ▶ ，用圈选的方法将需要的图形同时选取，按 Ctrl+G 组合键，群组图形，效果如图 13-170 所示。拖曳图形到适当的位置，如图 13-171 所示。

图 13-168

图 13-169

图 13-170

图 13-171

13.2.3 添加标签和其他信息

STEP▶1 选择"椭圆"工具 ⬭ ，在适当的位置绘制椭圆形。双击"渐变"工具 ▦ ，弹出"渐变"控制面板，在色带上设置 3 个渐变滑块，分别将渐变滑块的位置设为 0、50、100，并设置 C、M、Y、K 的值分别为 0（0、0、100、0）、50（0、39、75、30）、100（0、19、100、7），其他选项的设置如图 13-172 所示，图形被填充为渐变色，并设置描边色为无，效果如图 13-173 所示。

奶粉包装设计 3

图 13-172

图 13-173

STEP2 选择"选择"工具 ，按住 Alt 键的同时，拖曳图形到适当的位置，复制图形，效果如图 13-174 所示。选择"椭圆"工具 ，在适当的位置绘制椭圆形，如图 13-175 所示。选择"钢笔"工具 ，在适当的位置单击添加节点，如图 13-176 所示。

| 图 13-174 | 图 13-175 | 图 13-176 |

STEP 3 选择"直接选择"工具 ，分别拖曳节点到适当的位置，如图 13-177 所示。设置图形填充颜色为枣红色（其 C、M、Y、K 值分别为 15、100、100、50），填充图形，并设置描边色为无，效果如图 13-178 所示。选择"选择"工具 ，按住 Alt 键的同时，拖曳图形到适当的位置，复制图形。设置图形填充颜色为朱红色（其 C、M、Y、K 值分别为 15、100、100、0），填充图形，并设置描边色为无，效果如图 13-179 所示。

| 图 13-177 | 图 13-178 | 图 13-179 |

STEP 4 选择"文字"工具 ，在适当的位置分别输入需要的文字。选择"选择"工具 ，在属性栏中分别选择合适的字体和文字大小，填充文字为白色，效果如图 13-180 所示。用相同的方法再次添加其他文字，效果如图 13-181 所示。

| 图 13-180 | 图 13-181 |

STEP 5 选择"选择"工具 ，选取需要的文字。选择"窗口 > 文字 > 字符"命令，在弹出的面板中进行设置，如图 13-182 所示，按 Enter 键确认操作，效果如图 13-183 所示。

图 13-182   图 13-183

STEP 6 选择"选择"工具 ，选取需要的文字。在"字符"面板中进行设置，如图 13-184 所示，按 Enter 键确认操作，效果如图 13-185 所示。

图 13-184   图 13-185

STEP 7 选择"选择"工具 ，按住 Shift 键的同时，选取需要的文字。按 Ctrl+Shift+O 组合键，创建文字轮廓，效果如图 13-186 所示。选取需要的文字，双击"渐变"工具 ，弹出"渐变"控制面板，在色带上设置 3 个渐变滑块，分别将渐变滑块的位置设为 0、50、100，并设置 C、M、Y、K 的值分别为 0（0、39、75、30）、50（0、0、100、0）、100（0、19、100、0），其他选项的设置如图 13-187 所示，图形被填充为渐变色，并设置描边色为无，效果如图 13-188 所示。

图 13-186   图 13-187   图 13-188

STEP 8 选择"选择"工具 ，选取需要的文字。双击"渐变"工具 ，弹出"渐变"控制面板，在色带上设置 2 个渐变滑块，分别将渐变滑块的位置设为 0、100，并设置 C、M、Y、K 的值分别为 0

（0、39、75、30）、100（0、19、100、7），其他选项的设置如图 13-189 所示，图形被填充为渐变色，并设置描边色为无，效果如图 13-190 所示。用相同的方法添加其他文字的渐变色，效果如图 13-191 所示。

图 13-189

图 13-190

图 13-191

STEP 9 选择"选择"工具，选取需要的文字，设置图形填充颜色为灰色（其 C、M、Y、K 值分别为 0、0、0、60），填充图形，并设置描边色为无，效果如图 13-192 所示。奶粉包装绘制完成，效果如图 13-193 所示。按 Ctrl+Shift+S 组合键，弹出"存储为"对话框，将其命名为"奶粉包装"，保存为 AI 格式，单击"保存"按钮，将文件保存。

图 13-192

图 13-193

Photoshop 应用

13.2.4　制作包装立体效果

STEP 1 打开 Photoshop 软件，按 Ctrl + N 组合键，新建一个文件：宽度为 15cm，高度为 10cm，分辨率为 300 像素/英寸，颜色模式为 RGB，背景内容为白色。选择"渐变"工具，单击属性栏中的"点按可编辑渐变"按钮，弹出"渐变编辑器"对话框，将渐变色设为从浅黄色（其 R、G、B 的值分别为 253、247、150）到橙黄色（其 R、G、B 的值分别为 255、198、0），如图 13-194 所示，单击"确定"按钮。选择"径向渐

奶粉包装设计 4

变"按钮■，在图像窗口中从中心向右下方拖曳光标填充渐变色，效果如图 13-195 所示。

图 13-194 图 13-195

STEP 2 按 Ctrl + O 组合键，打开资源包中的"Ch13 > 素材 > 奶粉包装设计 > 01"文件。选择"移动"工具 ⊕，将图片拖曳到图像窗口中适当的位置，并调整其大小，效果如图 13-196 所示，在"图层"控制面板中生成新图层并将其命名为"装饰"。

STEP 3 单击"图层"控制面板下方的"添加图层样式"按钮 **fx.**，在弹出的菜单中选择"投影"命令，在弹出的对话框中进行设置，如图 13-197 所示，单击"确定"按钮，效果如图 13-198 所示。

STEP 4 按 Ctrl + O 组合键，打开资源包中的"Ch13 > 效果 > 奶粉包装设计"文件。选择"移动"工具 ⊕，将图片拖曳到图像窗口中适当的位置，并调整其大小，效果如图 13-199 所示，在"图层"控制面板中生成新图层并将其命名为"奶粉罐"。

图 13-196 图 13-197

图 13-198 图 13-199

STEP5 单击"图层"控制面板下方的"添加图层样式"按钮 **fx.**，在弹出的菜单中选择"投影"命令，在弹出的对话框中进行设置，如图 13-200 所示；选择"内阴影"选项，在弹出的面板中进行设置，如图 13-201 所示，单击"确定"按钮，效果如图 13-202 所示。

STEP6 选择"移动"工具 **▶+**，按住 Alt+Shift 组合键的同时，将图片拖曳到图像窗口中适当的位置，复制图形，效果如图 13-203 所示，在"图层"控制面板中生成新的图层"奶粉罐 拷贝"。

图 13-200

图 13-201

图 13-202

图 13-203

STEP7 在"图层"控制面板中将"奶粉罐 拷贝"图层拖曳到"奶粉罐"图层的下方，如图 13-204 所示，图像窗口中的效果如图 13-205 所示。

图 13-204

图 13-205

STEP8 按 Ctrl+T 组合键，在图像周围出现变换框，单击鼠标右键，在弹出的菜单中选择"垂直翻转"命令，垂直翻转图像，按 Enter 键确认操作，效果如图 13-206 所示。单击"图层"控制面板下方的"添加图层蒙版"按钮 **▣**，为"奶粉罐 拷贝"图层添加图层蒙版，如图 13-207 所示。

图 13-206　　　　　　　　　　　　　图 13-207

STEP 9 将前景色设为黑色。选择"画笔"工具，在属性栏中单击"画笔"选项右侧的按钮，在弹出的面板中选择需要的画笔形状，如图 13-208 所示。在属性栏中将"不透明度"选项设为 80%，在图像窗口中拖曳光标擦除不需要的图像，效果如图 13-209 所示。

图 13-208　　　　　　　　　　　　　图 13-209

STEP 10 在"图层"控制面板上方，将"奶粉罐 拷贝"图层的"不透明度"选项设为 47%，如图 13-210 所示，图像窗口中的效果如图 13-211 所示。选择"奶粉罐"图层，按 Ctrl+O 组合键，打开资源包中的"Ch13 > 素材 > 奶粉包装设计 > 02"文件。选择"移动"工具，将图片拖曳到图像窗口中适当的位置，并调整其大小，效果如图 13-212 所示，在"图层"控制面板中生成新图层并将其命名为"文字"。

图 13-210　　　　　　　　图 13-211　　　　　　　　图 13-212

STEP 11 按 Ctrl+Shift+E 组合键，合并可见图层。按 Ctrl+Shift+S 组合键，弹出"存储为"对话框，将其命名为"奶粉广告效果"，保存图像为 TIFF 格式，单击"保存"按钮，弹出"TIFF 选项"对话框，单击"确定"按钮，将图像保存。

13.3 课后习题——茶叶包装设计

习题知识要点

在 Illustrator 中，使用参考线分割页面，使用矩形工具、添加锚点工具和路径查找器控制面板制作结构图，使用文字工具和置入命令添加包装相关信息；在 Photoshop 中，使用剪贴蒙版命令制作图片的嵌入效果，使用喷溅滤镜命令和文字工具制作印章效果，使用定义图案命令定义包装的侧面图案，使用变换命令制作包装各面的立体效果。茶叶包装设计效果如图 13-213 所示。

效果所在位置

资源包/Ch13/效果/茶叶包装设计/茶叶包装.ai。

图 13-213

茶叶包装设计 1

茶叶包装设计 2

茶叶包装设计 3